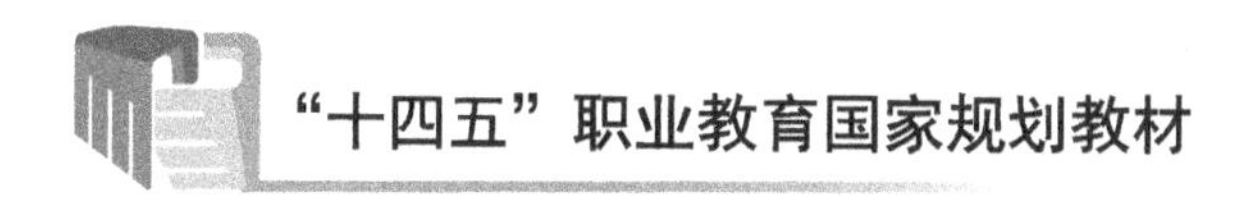

“十四五”职业教育国家规划教材

工作导向创新实践教材

C51单片机应用与C语言程序设计（第4版）

——基于机器人工程对象的项目实践

秦志强　编著

電子工業出版社
Publishing House of Electronics Industry
北京·BEIJING

内 容 简 介

本书以两轮小型移动机器人的制作与编程项目为主线，通过循序渐进地构建机器人的控制器和传感器电路，并对机器人进行编程和控制，将 C51 单片机的外围接口特性、内部结构原理、综合应用设计和 C 语言程序设计等知识和技能传授给学生，彻底打破了传统的先理论、后实验的教学方法和教学体系，解决了单片机原理与应用、C 语言程序设计等核心专业基础课程抽象、枯燥与教学效果差的难题。

本书可作为职业院校、职业本科院校的“单片机技术与应用”“嵌入式 C 语言程序设计”两门课程的学习教材和教学参考书，也可作为本科院校工程训练、电子制作的实践教材和相应专业课程的实验配套教材，同时还可供广大希望从事嵌入式系统开发和 C 语言程序设计的学生或者个人自学使用。

图书在版编目（CIP）数据

C51 单片机应用与 C 语言程序设计：基于机器人工程对象的项目实践 / 秦志强编著. —4 版. —北京：电子工业出版社，2022.1

ISBN 978-7-121-37929-1

Ⅰ. ①C… Ⅱ. ①秦… Ⅲ. ①单片微型计算机－C 语言－程序设计－高等学校－教材 Ⅳ. ①TP368.1 ②TP312.8

中国版本图书馆 CIP 数据核字（2019）第 253137 号

责任编辑：王昭松
印　　刷：北京虎彩文化传播有限公司
装　　订：北京虎彩文化传播有限公司
出版发行：电子工业出版社
　　　　　北京市海淀区万寿路 173 信箱　邮编 100036
开　　本：787×980　1/16　印张：15　字数：345.6 千字
版　　次：2007 年 12 月第 1 版
　　　　　2022 年 1 月第 4 版
印　　次：2025 年 2 月第 7 次印刷
定　　价：49.80 元

凡所购买电子工业出版社图书有缺损问题，请向购买书店调换。若书店售缺，请与本社发行部联系，联系及邮购电话：（010）88254888，88258888。

质量投诉请发邮件至 zlts@phei.com.cn，盗版侵权举报请发邮件至 dbqq@phei.com.cn。

本书咨询联系方式：（010）88254015，wangzs@phei.com.cn，QQ83169290。

前　言

本书自2007年12月出版以来，已更新至第4版。作为国内第一本将单片机和C语言教学结合起来的开创性综合实践教材，本书因符合高职创新教学改革方向、教学效果经受住了实践的检验，深受高职院校师生的欢迎，至今已经在高职院校使用了近15年。

在这 15 年的时间里，本书不断修订和完善，先后入选国家“十二五”和“十三五”职业教育国家规划教材，这充分说明本书始终符合高职创新教学改革方向。

本次修订的重点是更新配套的教学机器人器材图片及其相关案例。相比原有的教学机器人教学板，新的教学板做了如下改进。

（1）老版教学板需要使用专用的USB ASP下载器和USB转232数据线，使用起来非常不方便。而新的教学板只需要一根 USB 数据线即可实现程序的下载和程序运行时的数据交互，极大地简化了学习开发过程。

（2）由于教学板所用核心芯片AT89S52的端口电流驱动能力弱，老版教学板不能直接驱动部分品牌的标准伺服电机，需要外接上拉电阻。新版教学板直接加入了上拉电阻，使其可以直接连接各种品牌的伺服电机，从而简化了学习开发过程。

（3）新版教学板采用了TQFP封装工艺的AT89S52芯片，采用贴片方式安装到教学板上，比老版的PLCC芯片封装方式具有更高的可靠性。

（4）新版教学板只安装了AT89S52芯片，无须再兼顾AVR单片机教学，使得教学板更加简洁、美观和可靠。

除了教学板的升级，对配套教学机器人的机械本体也进行了升级，由原来的一体化车体升级为标准金属模块搭建的车体，为后续的各种机械结构和电子模块的拓展提供了更多的便利。

此次教材和配套器材的升级，为更多的高职院校采用此套教学方案提供了方便，编著者也希望更多的高职院校能够采用这本教材，实现老师和学生能力的双提升！

本教材的修订由电子工业出版社编辑发起，在此特别感谢编辑的努力与坚持。另外，还要特别感谢全童科教（东莞）有限公司的同事们在搭建模型、拍摄和修改配图等方面所做的工作。

学习本书所需的教学板、机械本体和电子配件可以联系全童科教（东莞）有限公司（微信公众号：全童科教）购买。

学无止境，没有最好，只有更好！书中如有不妥之处，敬请读者批评指正。

编著者

2022年1月

目　录

第 1 讲　从 Arduino 到 C51 单片机

学习情境

通过《Arduino 机器人制作、编程与竞赛》初中级课程的学习，读者已经了解和掌握了采用 Arduino 微控制器制作小型机器人的技巧和编程方法。Arduino 是一个封装了一个 AVR 单片机的 8 位微控制器（所谓封装就是将单片机、只读存储器和晶振集成在一个模块上面），可直接采用 C/C++语言编程，编程时不必深入了解单片机的内部构造和工作原理，只要了解其输入/输出接口特性。采用 C/C++语言编程，使我们首先不必纠缠于复杂的硬件接口编程和编译过程，而只专注于智能程序的结构、逻辑设计及实现方法。这样做的好处是使学习变得简单方便、开发项目时快速高效；缺点则是成本较高、灵活性不强。

成本高和灵活性不强的原因是 Arduino 已经是一个通用的控制模块，经过了二次封装，自然就多了一道制造和开发成本。但是在许多大批量小型智能产品的开发过程中，往往要求我们直接采用单片机进行开发，因为这样不仅可以大幅降低生产成本，而且可以提高产品的可靠性和效率。本课程将引领大家从已经掌握的微控制器出发，深入微控制器内部，学习和掌握如何直接用单片机和 C 语言来开发智能产品。

单片机和微控制器

一台能够工作的计算机包括 CPU（Central Processing Unit，中央处理单元，用于运算、控制）、RAM（Random Access Memory，随机存储器，用于数据存储）、ROM（Read Only Memory，只读存储器，用于程序存储）、输入/输出设备（串口、并口等）。在个人计算机（PC）上，这些部分被分成若干块芯片或者插卡，安装在一个被称为主板的印制电路板上。而在单片机中，这些部分全部被做在一块集成电路芯片中，因此被称为单片机。单片机真正工作，还需要稳定的电源、晶振、外部存储器和编程调试接口，就像计算机工作也需要电源、晶振、硬盘或其他大容量外部存储器和操作系统一样。微控制器就是将单片机真正能够独立工作所需的电源适配器、晶振、外部存储器和串口转换电路等部分封装到一个模块上，这样微控制器就能够直接与 PC 连接进行编程开发，教学板上几乎没有任何其他的芯片和电路。

学习单片机的意义

与个人计算机、笔记本电脑相比，单片机的功能是很少的。实际生活中并不是任何需要计算机的场合都要求计算机有很高的性能，如空调温度的控制、冰箱温度的控制等都不需要很复杂、很高级的计算机。关键看是否够用、是否有很高的性能价格比。

单片机具有体积小、质量轻、价格便宜等优势，已经渗透到我们生活的各个领域：导弹的导航装置、飞机上各种仪表的控制、工业自动化过程的实时控制和数据处理、广泛使用的各种智能IC卡、民用豪华轿车的安全保障系统、录像机、摄像机、全自动洗衣机、程控玩具、电子宠物等，更不用说自动控制领域的机器人、智能仪表和医疗器械了。

因此，单片机的学习、开发与应用将造就一批计算机应用、嵌入式系统设计与智能化控制的科学家和工程师。同时，学习使用单片机是了解通用计算机原理与结构的最佳选择。

嵌入式系统

嵌入式系统是指嵌入到工程对象中能够完成某些相对简单或者某些特定功能的计算机系统。与从8位单片机迅速向16位、32位、64位过渡的通用计算机系统相比，嵌入式系统有其功能的特殊要求和成本的特殊考虑，从而决定了嵌入式系统在高、中、低端系统三个层次共存的局面。在低端嵌入式系统中，8位单片机从20世纪70年代初期诞生至今还一直在工业生产和日常生活中被广泛使用。

嵌入式系统嵌入到对象系统中，并在对象环境下运行。对象领域相关的操作主要是对外界物理参数进行采集、处理，对对象实现控制，并与操作者进行人机交互等。

鉴于嵌入式低端应用对象的有限响应要求、嵌入式系统低端应用的巨大市场，以及8位机具有的计算能力，可以预测在未来相当长的时间内，8位单片机仍然会在嵌入式应用中扮演重要角色。

C51系列单片机

一提到单片机，就会经常听到这样一些名词：MCS51、8051、C51等，它们之间究竟是什么关系呢？

MCS51是指由美国INTEL公司生产的一系列单片机的总称。这一系列单片机包括很多品种，如8031、8051、8751等，其中8051是最典型的产品。该系列单片机都是在8051的基础上进行功能的增减和改变而来的，所以人们习惯于用8051来称呼MCS51系列单片机。

INTEL公司将MCS51的核心技术授权给了很多公司，所以许多公司都在做以8051为核心的单片机，当然，功能或多或少有些改变，以满足不同的需求。其中，较典型的一款单片机AT89C51（简称C51）是由美国ATMEL公司以8051为内核开发生产的。本书使用的AT89S52单片机就是在此基础上改进而来的。

AT89S52是一种高性能、低功耗的8位单片机，内含8KB ISP（In-system Programmable，系统在线编程）的可反复擦写1000次的Flash只读程序存储器，器件采用ATMEL公司的高密度、非易失性存储技术制造，兼容标准MCS51指令系统及引脚结构。在实际工程应用中，

功能强大的 AT89S52 已成为许多高性价比嵌入式控制应用系统的解决方案。

早期的单片机应用程序开发通常需要仿真机、编程机等配套工具，要配置这些工具需要一笔不小的投资。本书采用的 AT89S52 不需要仿真机和编程机，只要运用 ISP 电缆就可以对单片机的 Flash 反复擦写 1000 次以上，因此使用起来特别方便简单，尤其适合初学者使用，而且配置十分灵活，可扩展性特别强。

In-system Programmable（ISP，系统在线编程）

In-system Programmable 是指用户可以把已编译好的程序代码通过一条“下载线”直接写入器件的编程（烧录）方法，已经编程的器件也可以用 ISP 方式擦除或再编程。ISP 所用的“下载线”并非不需要成本，但相对于传统的“编程器”，其成本已经大大降低了。通常 Flash 型芯片会具备 ISP 下载能力。

本书将引导你运用 AT89S52 作为机器人的大脑来制作一款教育机器人，并采用 C 语言对 AT89S52 进行编程，使机器人完成下述 4 个基本智能任务。

（1）安装传感器以探测周边环境。

（2）基于传感器信息做出决策。

（3）控制机器人运动（通过控制电机带动轮子旋转）。

（4）与用户交换信息。

通过完成这些任务，你将在不知不觉中掌握 C51 单片机的原理与应用开发技术，以及 C 语言程序设计技术，轻松走上嵌入式系统开发之路。

为了方便单片机与电源、ISP 下载电缆、串口线，以及各种传感器和电机的连接，须制作一个电路板，将单片机贴装在该电路板上，并安装一块小的面包板，方便给机器人搭接各种传感器电路。本书将此电路板称为教学板，如图 1-1 所示。

图 1-1　C51 单片机教学板

机器人与 C51 单片机

如图 1-2 所示是本书需要制作的小型机器人，它采用 AT89S52 单片机作为大脑，通过教学板安装在机器人底盘上。本书将以此机器人作为平台，完成上面提到的机器人所需具备的 4 种基本能力，使机器人具有基本的智能。

图 1-2　采用 C51 单片机制作的机器人

本讲首先通过以下步骤来介绍如何安装和使用 C51 单片机的 C 语言编程开发环境，如何用 C 语言开发第一个简单的机器人程序，并在机器人上运行编写的程序。本讲的具体任务包括：

- 寻找并安装开发编程软件；
- 连接机器人到电池或者供电的电源；
- 连接单片机教学板 ISP 接口到计算机，以便编程；
- 连接单片机教学板串行接口到计算机，以便调试和交互；
- 运用 C 语言初次编写少量的程序，运用编译器编译生成可执行文件，然后下载到单片机上，通过串口观察机器人上的单片机教学板的执行结果；
- 完成后，断开电源。

任务 1　获得软件

在本书的学习实践过程中，将反复用到 3 款软件：Keil μVision IDE 集成开发环境、Progisp 单片机 ISP 下载编程软件和串口调试软件。

1. Keil μVision IDE 集成开发环境

Keil C 语言是美国 Keil Software 公司出品的 51 系列兼容单片机的 C 语言软件开发系统。与汇编相比，C 语言在功能、结构性、可读性、可维护性上有明显的优势，因而易学易用。Keil 提供了包括 C 编译器、宏汇编、连接器、库管理和一个功能强大的仿真调试器等在内的完整开发方案，通过一个集成开发环境（μVision4）将这些部分组合在一起。运行 Keil 软件需要 WIN98、NT、WIN2000、WINXP、WIN2007、WIN2010 等操作系统。如果你使用 C 语言编程，那么 Keil 几乎就是你的不二之选。即使不使用 C 语言而仅用汇编语言编程，其方便易用的集成环境、强大的软件仿真调试工具也会令你事半功倍。

利用该开发环境，可以快捷、方便地建立面向各种单片机的 C 语言编程项目，编写 C 语言源程序，并将 C 程序编译和生成可下载到目标单片机的执行程序。

2. Progisp 单片机 ISP 下载编程软件

该软件是一款免费下载的 ISP 下载编程软件，不需要专门的安装即可使用，非常方便。

使用该软件，读者可以将 C 语言程序生成的可执行文件下载到机器人单片机上。使用时需要 1 个 USB A 转 B 信号线。

3. 串口调试软件

SerialDebugTool.exe 是本书使用的串口调试软件。该软件提供单片机与计算机的交互信息窗口，包括显示单片机发给计算机的信息窗口和计算机发给单片机的数据输入窗口。在硬件上，计算机至少要有串行接口或 USB 接口来与单片机教学板的串口连接。

任务 2　安装软件

现在，如果读者已经从网站上获得了上述 3 个软件安装包，就可以开始安装软件了。软件的安装很简单，与安装其他软件过程一样。

安装 Keil μVision4

（1）执行 Keil μVision4 安装程序，选择 Eval Version 版进行安装。

（2）在后续出现的窗口中全部单击【Next】按钮，将程序默认安装在 C:\Program Files\Keil 文件目录下。

（3）将安装包中“头文件”文件夹中的文件复制到 C:\Program Files\Keil\C51\INC 文件夹中。

Keil μVision4 IDE 软件安装到计算机上的同时，会在计算机桌面上建立一个快捷方式。

Progisp 单片机 ISP 下载编程软件与 SerialDebugTool.exe 串口调试软件都不需要安装，只需要将安装包中的这些软件复制到计算机上即可。

为了方便实用，建议建立桌面子目录将这三个工具软件全部放到里面。

任务 3　硬件连接

C 语言教学板需要连接电源来运行，同时需要连接到计算机上以便编程和交互。

连接到计算机上

C 语言教学板通过 USB　A 转 B 信号线连接到计算机上，程序的下载和信息的交互都通过该信号线完成。图 1-3 为本书使用的 USB A 转 B 信号线。

图 1-3　USB A 转 B 信号线

电源的连接

为了方便和节约电池，在一般的编程和调试时，建议使用一个 6V/2A 的电源适配器给 C 语言教学板供电。当需要机器人进行自主运动或者进行比赛时，使用 3.7V 锂电池给机器人供电。将锂电池装入专门的电池盒时，注意按照里面标记的电池极性（“+”和“−”）方向装入。

对教学板和单片机进行通电检查

教学底板上有一个三位开关（如图 1-4 所示），开关拨到“OFF”位时断开教学板电源。无论是否将电池组或者其他电源连接到教学底板上，只要三位开关位于“OFF”位，那么设备就处于关闭状态。

现在将三位开关由“OFF”位拨至“1”位，打开教学板电源，如图 1-5 所示。检查教学底板上绿色 LED 电源指示灯是否变亮。如果没有，检查电源适配器或者电池盒里的电池和电池盒的接头是否已经插到教学板的电源插座上。

图 1-4　处于关闭状态的三位开关

图 1-5　处于“1”位状态的三位开关

开关“2”将会在后续的学习中用到。将开关拨至“2”位后，电源不仅给教学板供电，同时会给机器人的执行机构——伺服电机供电，同样，此时绿色 LED 电源指示灯仍然会变亮。

对教学板和单片机进行通信连接

教学板上有一个二位开关（如图 1-6 所示），当需要给单片机烧录程序时，应将开关拨到“ISP”位，接通单片机下载通道。如需使用教学板串口通信功能，则将二位开关由“ISP”位拨至“USART”位。

图 1-6　处于 ISP 下载状态的二位开关

任务 4　第一个程序

第一个 C 语言程序将告诉 AT89S52 单片机控制器，让它在执行程序时通过串口发送一条信息给计算机，在计算机的串口调试窗口中显示出来。

创建与编辑你的第一个程序

双击 Keil μVision4 IDE 的图标，启动 Keil μVision4 IDE 程序，打开如图 1-7 所示的 Keil μVision4 IDE 的主界面。通过"Project"菜单中的"New μVision Project..."命令建立项目文件，过程如下。

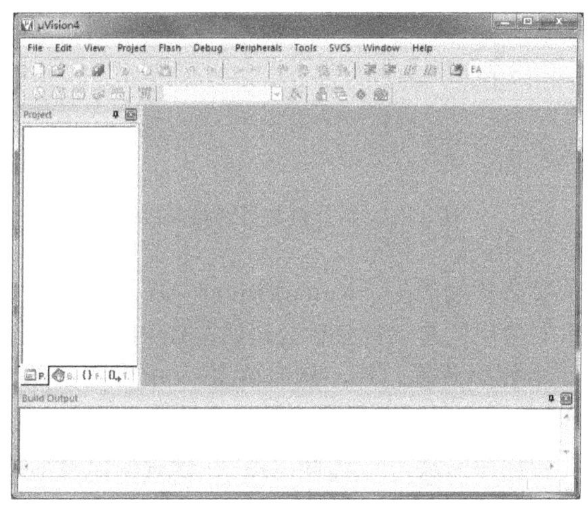

图 1-7　Keil μVision4 IDE 的主界面

（1）单击"Project"菜单，会出现如图 1-8 所示的菜单画面，选择"New μVision Project..."命令，将出现如图 1-9 所示的对话框。在对话框目录栏中选择项目文件的存储目录，双击选中的目录或者单击"打开"按钮，或者直接在文件名中输入文件名，"打开"按钮会自动变为"保存"按钮。

（2）在文件名中输入"HelloRobot"，保存至你想保存的位置（如 E:\C 语言程序设计\程序），可不用加后缀名。单击"保存"按钮，会出现如图 1-10 所示的窗口。

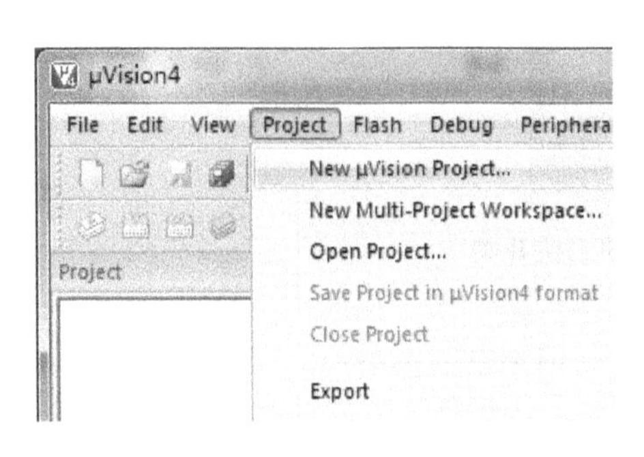

图 1-8 “Project”菜单

图 1-9 “Create New Project”对话框

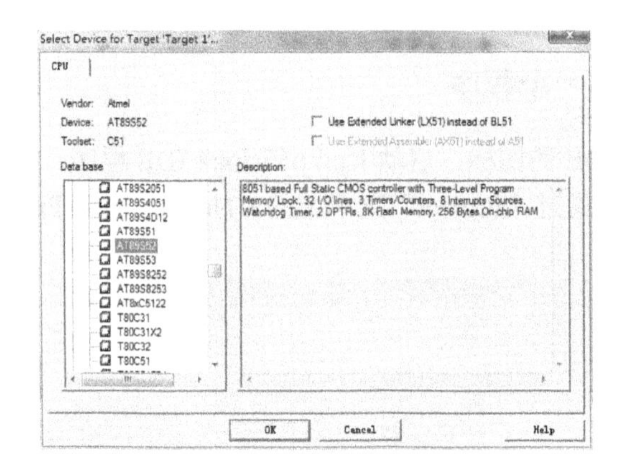

图 1-10 单片机型号选择窗口

（3）这里要求选择项目芯片的类型。Keil µVision4 IDE 几乎支持所有的 51 核心单片机，并以列表的形式给出。本书使用的是 ATMEL 公司的 AT89S52，在 Keil µVision4 IDE 提供的数据库（Data base）列表中找到此款芯片，然后单击“OK”按钮，会出现如图 1-11 所示的窗口，询问是否加载 8051 启动代码，在这里我们选择“否”，不加载。（如果选择“是”，对你的程序没有任何影响。若你感兴趣，可选择“是”，看看编译器加载了哪些代码。）之后在界面左侧会出现如图 1-12 所示的目标工程窗口，此时就得到了目标项目文件 Target 1。

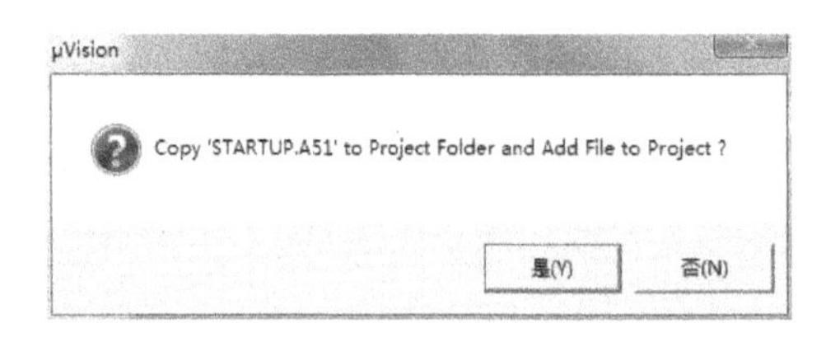

图 1-11 是否加载 8051 启动代码提示窗口

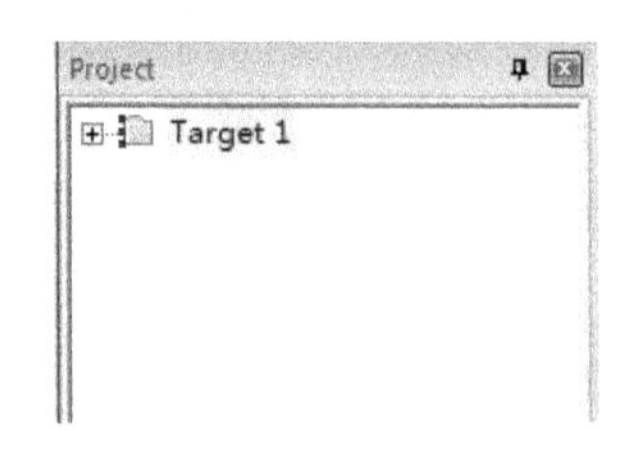

图 1-12 目标工程窗口

Target 1 项目文件创建后，还只是一个框架，紧接着需要向项目文件中添加源程序。Keil μVision4 支持编写 C 语言程序，可以是已经建立好的 C 语言程序文件，也可以是新建的 C 语言程序文件。如果是添加已建立好的 C 语言程序文件，则直接用后面的方法添加到项目中；如果是新建立的 C 语言程序文件，则先将程序文件存盘后再添加。

单击 按钮（或通过“File”→“New”操作），为该项目新建一个 C 语言程序文件，保存后弹出如图 1-13 所示的对话框，将文件保存在项目文件夹中（保存的源文件名称可以和项目名称一样，这样便于分辨哪个源文件属于哪个项目，只是它们的扩展文件名不同），在文件类型中填写.c（这里.c 为文件扩展名，表示此文件类型为 C 语言源文件），因为下面将采用 C 语言编写第一个程序。

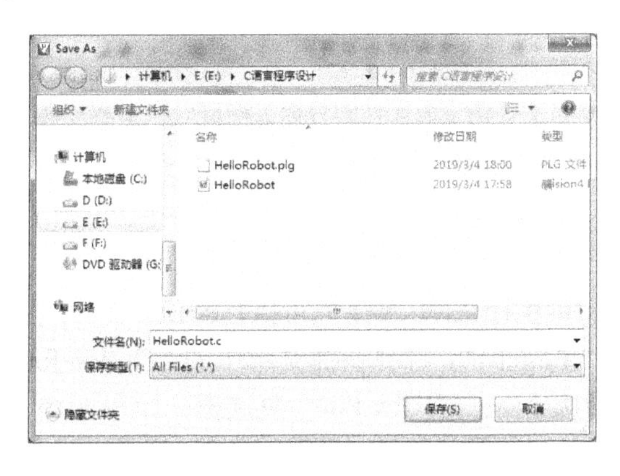

图 1-13　C 语言源文件保存对话框

第一个 C 语言程序：HelloRobot.c

```
#include<uart.h>
int main(void)
{
  uart_Init();                                          //串口初始化
  printf("Hello,this is a message from your Robot\n");
  while(1);
}
```

将该例程输入 Keil μVision IDE 的编辑器，并以文件名 HelloRobot.c 保存。按照下面的步骤将该文件添加到目标工程中。

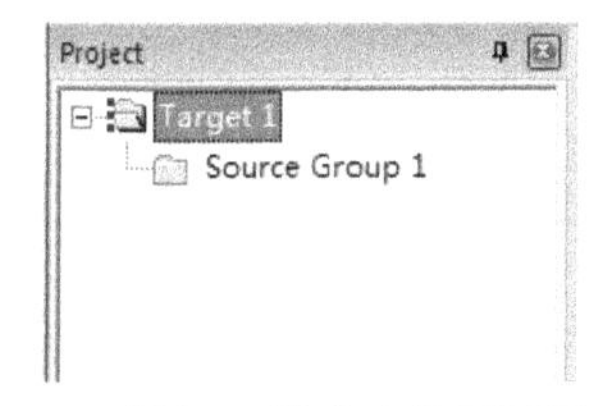

图 1-14　添加 C 语言文件到目标工程

（1）单击图 1-12 中的“+”号，将打开如图 1-14 所示的列表。

（2）右键单击“Source Group 1”，在出现的菜单中选择“Add File To Group”→“Source Group 1”命令，出现“Add Existing Files to Group Source ‘Group1’”对话框。从中选择需要添加的程序文件，如刚才建立的 HelloRobot.c，单击“Add”按钮，把所选文件添加到项目文件中。

（3）程序文件添加到项目文件后，这时图 1-14 中“Source Group 1”的前面将出现一个“＋”号；单击它，将出现刚才添加的源文件名，如图 1-15 所示（注意，图中显示的文件名是刚才输入的文件名）。

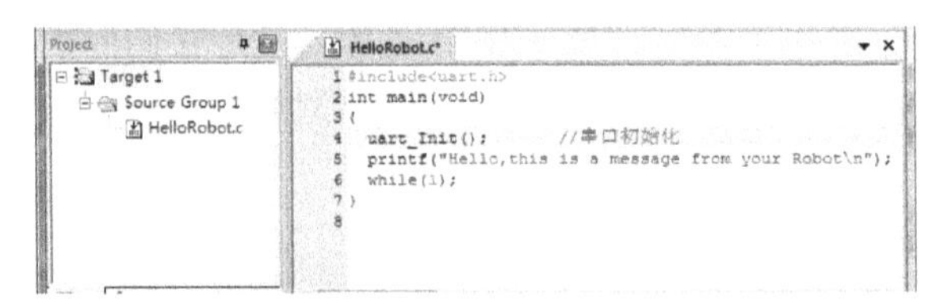

图 1-15　添加了 C 语言源文件的目标工程窗口和 C 程序源文件窗口

双击源文件名，即可显示和编辑源文件。

编译你的第一个程序

下面来生成下载需要的可执行文件。要生成可执行的.hex 文件，需要对目标工程“Target 1”进行编译设置。右键单击“Target 1”，选择快捷菜单中的“Option for target ‘Target 1’”命令。选择“Output”选项卡，勾选“Create HEX File”复选框，如图 1-16 所示，单击“OK”按钮，关闭设置窗口。单击 Keil μVision IDE 快捷工具栏中的 按钮，Keil 的 C 编译器开始根据要生成的目标文件类型对目标工程项目中的 C 语言源文件进行编译。在编译过程中，我们可以观察到源文件有没有错误产生，如果没有错误产生，在 IDE 主窗口的下面的输出窗口（Output Window）中将出现如图 1-17 所示的提示信息，表明已成功生成了可下载的执行文件，并存储在 C 语言源程序存储的目录中，文件名就是 HelloRobot.hex。

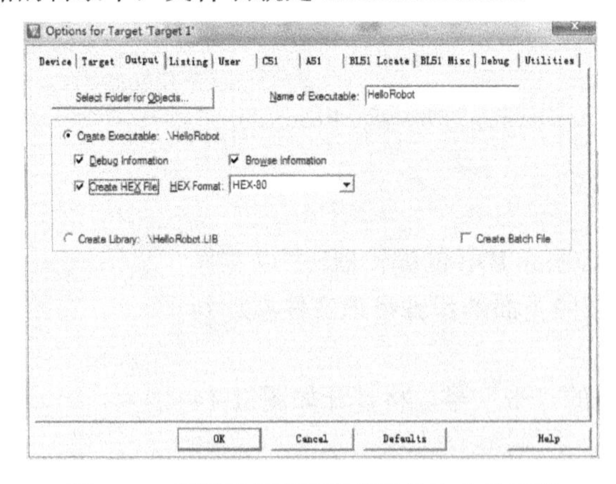

图 1-16　设置目标工程的编译输出文件类型

```
Build Output
Build target 'Target 1'
compiling HelloRobot.c...
linking...
*** WARNING L16: UNCALLED SEGMENT, IGNORED FOR OVERLAY PROCESS
    SEGMENT: ?PR?_GETKEY?HELLOROBOT
Program Size: data=58.3 xdata=0 code=1271
creating hex file from "HelloRobot"...
"HelloRobot" - 0 Error(s), 1 Warning(s).
```

图 1-17　编译过程的输出提示信息

程序调试

如果程序在编译过程中出现了错误，就不能生成可下载的十六进制执行文件。C 语言的编写必须严格按照规定的规范，否则在编译过程中就会出现语法错误。例如，如果在录入程序时忘了在串口初始化语句的后面加分号：

```
uart_Init()                                         //串口初始化
```

编译时就会出现如图 1-18 所示的语法错误提示信息。

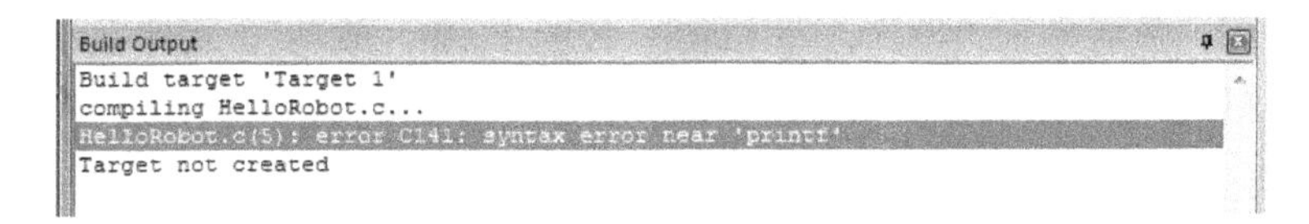

```
Build Output
Build target 'Target 1'
compiling HelloRobot.c...
HelloRobot.c(5): error C141: syntax error near 'printf'
Target not created
```

图 1-18　语法错误提示信息

错误信息提示首先给出发生错误的文件名称，随后括号中的数字表示错误发生的行数，这里是指第 5 行。提示信息“error C141:syntax error near ‘printf’”给出错误的编号（C141），这是一种语法错误，并告知错误发生在‘printf’附近。双击错误信息，编辑窗口中的光标会直接定位到错误位置。

C 语言对函数名称的大小写是敏感的，也就是同一个名字不同的大小写表示的是两个函数，标准函数大小写写错也会提示语法错误。例如，如果将 printf 写成了 Printf，那么编译时会出现如下警告和错误提示信息：

```
HELLOROBOT.C(5): warning C206: 'Printf': missing function-prototype
HELLOROBOT.C(5): error C267: 'Printf': requires ANSI-style prototype
```

首先是警告程序中的 Printf 没有函数原型，随后就是错误信息，这个函数需要 ANSI 型函数原型。

如果字符串少加了一个双引号，例如，在要显示的字符串前缺少了双引号，即

```
printf(Hello,this is a message from your Robot\n");
```

则系统会给出 4 条错误信息：

```
HELLOROBOT.C(5): error C202: 'Hello': undefined identifier
HELLOROBOT.C(5): error C141: syntax error near 'is'
HELLOROBOT.C(5): error C103: '<string>': unclosed string
HelloRobot.c(5): error C305: unterminated string/char const
```

由此可见，一个小小的语法错误可以导致编译时出现很多错误信息。因此，在编写和录入程序时一定要认真仔细，标点符号、大小写、名字都不能错。

总的说来，语法错误比较容易调试和修改，只要认真检查，就可以很快排除。特别是根据错误信息提示进行排除，速度会更快。

当程序没有任何编译和连接错误时，就能够顺利生成可以下载到单片机的十六进制文件了。

下载可执行文件到单片机

将教学板上的二位开关拨至"ISP"位，单击 Progisp 下载编程软件图标，打开下载编程软件窗口，如图 1-19 所示。通常不需要你更改任何选项，只需要在第一个列表框中选择正确的单片机型号，然后单击右上角的"调入 Flash"按钮，选择要下载的可执行 hex 文件——HelloRobot.hex，再单击"自动"按钮，即可开始下载。如果下载成功，则在窗口下部会显示"芯片编程"过程，最后显示"擦除，写 Flash，校验 Flash，成功"。程序在下载前会先自动擦除芯片中的原有程序。

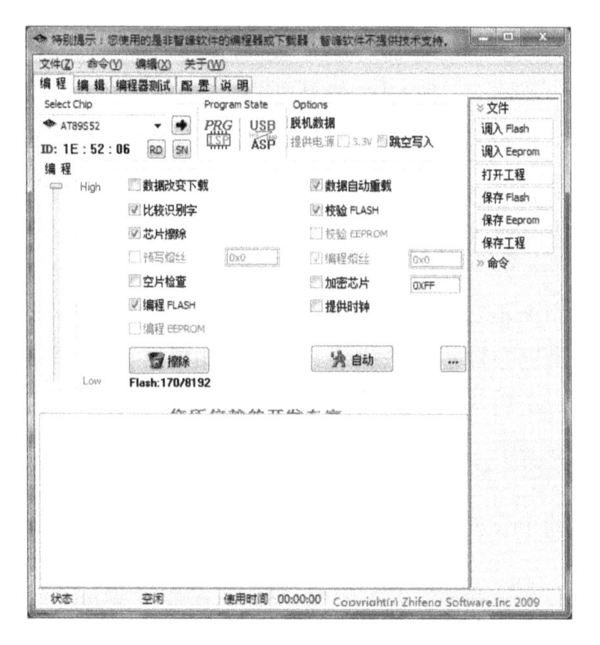

图 1-19 Progisp 下载编程软件窗口

举一反三

如果读者学习过《Arduino 机器人制作、编程与竞赛》初中级课程，并已经掌握了采用

Arduino 开源硬件的 C++语言开发技能，请与前面介绍的 C 语言编程过程进行比较，看看有何不同。并思考一下，这些不同对于初学者而言各有何优缺点？是不是复杂很多？

用串口调试软件查看单片机输出信息

将教学板上的二位开关拨至“USART”位，双击串口调试软件 SerialDebugTool.exe，出现串口调试窗口，如图 1-20（a）所示。在左侧“通信设置”栏的串口号列表框中选择串口“COM××”后，单击下面的“连接”按钮。具体是哪一个串口，可以通过计算机的设备管理器来查看：打开计算机的设备管理器，通过插拔与 C 语言教学板连接的 USB 线找到相应的串口号。如果成功连接，“连接”按钮将变成“断开”按钮。

在“接收区”内你看到了什么？什么也没有！为什么呢？

注意：单片机的特点是只要里面有程序，一开机就开始执行。因此，从执行文件成功下载到单片机的那个时刻开始，程序就开始运行了。当你给单片机接上串口电缆通电时，单片机已经向计算机发送了信息。你错过了接收。怎么办呢？

教学板提供了“Reset”按钮，可以让下载到单片机内的程序重新运行一次。单击“Reset”按钮两次，是不是出现了如图 1-20（b）所示的画面呢？

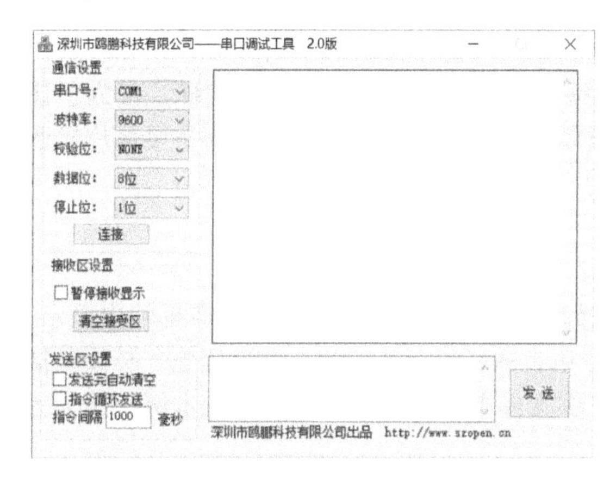

（a）对串口调试软件进行通信设置

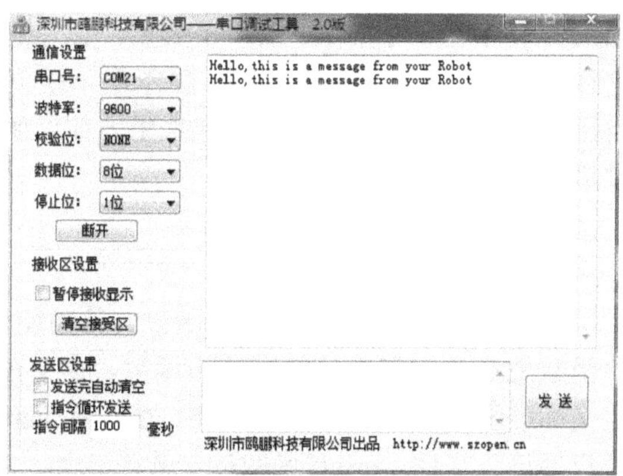

（b）查看输出信息

图 1-20　串口调试窗口

HelloRobot.c 是如何工作的

要讲清楚 C 语言的第一个程序是如何工作的，要比其他高级语言复杂很多。因为 C 语言是一个非常庞大的系统，是为开发大型程序而准备的。即使是最小的一个程序，其框架结构也很复杂。

例程中第一行代码是 HelloRobot.c 所包含的头文件。该头文件在编译过程中用来将下面程序中需要用到的标准数据类型和由 C 语言编译器提供的一些标准输入/输出函数、中断服务函数等包括进来，生成可执行代码。头文件中可以嵌套头文件，同时也可以直接定义一些常用的功能函数。本例程中的头文件 uart.h 在本书的后续任务中都要用到，它包含了本例程中及后面的例程中都要用到的 uart_Init()函数的定义和实现代码。当然，它也将 C 语言的标准输入/输出函数定义和实现包含了进来，如本例程中的 printf 函数。

下面先介绍函数的概念。一个较大的 C 语言程序一般分成若干个模块，每个模块实现一定的功能，被称为函数。任何一个 C 语言程序本身就是一个大的函数，该函数以 main 函数作为程序的起点，通常称之为主函数。主函数可以调用任何子函数，子函数之间也可以相互调用（但是不可以调用主函数）。函数定义的一般格式为：

```
函数返回值的类型  函数名（形式参数 1，形式参数 2，……）
```

第二行就是程序的入口 main 函数。main 前面的 int 用于指定 main 的函数返回值类型为整数类型，括号中 void 或无内容表示没有形式参数。每个函数的主体都要用“{ }”括起来。

> 函数的具体应用将在第 3 讲中详细介绍。

main 函数主体中有两行语句：第一行是串口初始化函数 uart_Init( )，用来规定单片机串口是如何与计算机通信的。有兴趣的读者可以打开 uart.h 头文件，看看该函数是如何实现的。如果其中有很多内容看不懂，不要紧，记住这个函数的功能就行，以后再逐步学习和理解。这行语句中“//”后的是注释。注释是一行会被编译器忽视的文字，不会被编译，仅为了让自己或者别人阅读程序时理解起来更方便。函数体中的第二行语句 printf 命令是要单片机通过串口向计算机发送一条信息。

printf 函数

printf 函数被称为格式输出函数，其功能是按用户指定的格式，把指定的数据输出显示。该函数是 C 语言提供的标准输出函数，定义在 C 语言的标准函数库中，要使用它，必须包括定义标准函数库的头文件 stdio.h。由于在 uart.h 头文件中包括了 stdio.h，因此本例程无须另外包括该头文件。printf 函数的一般形式为：

```
printf( "格式控制字符串", 输出列表);
```

格式控制字符串可由格式字符串和非格式字符串组成。

格式字符串是以%开头的字符串；输出列表在格式输出时才用到，它给出了每个输出项，要求与格式字符串在数量和类型上一一对应。

非格式字符串在输出时原样输出，在显示中起提示作用。例程中用到的就是非格式字符串。“\n”是一个向调试终端发送回车命令的控制符。也就是说，当单击“Reset”按钮再次运行程序时，将在下一行显示“Hello,this is a message from your Robot”；如果没有“\n”，则会在上一语句的结尾，即“Robot”后面接着显示。

“while(1);”的作用

while 是 C 语言里的循环控制语句，它的具体语法规则将在第 3 讲里介绍，这里仅解释为何要加上这个循环。

while(1)实际上是一个死循环。当 hex 文件被加载到单片机 Flash 存储器上时，是从头开始往下加载的。那么，当你把 hex 文件加载上去时，填满了整个 Flash 空间吗？当然没有！那么，当程序执行完 printf 函数之后，它还将向下执行，但后面的空间并没有存放程序代码，这时程序会乱运行，也就是发生了跑飞现象。加上 while(1);这个死循环语句，让程序一直停止在这里，就是为了防止程序跑飞。

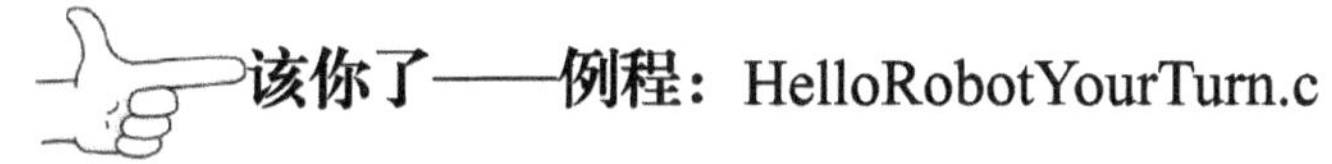

该你了——例程：HelloRobotYourTurn.c

```
#include<uart.h>
int main(void)
{
    int i;
    uart_Init();
    i=7*11;
    printf("What's 7 X 11?\n");
    printf("The answer is :%d\n",i);
    while(1);
}
```

按照上述方法建立新的项目，输入程序 HelloRobotYourTurn.c 并运行，查看输出结果，是否与图 1-21 一样？

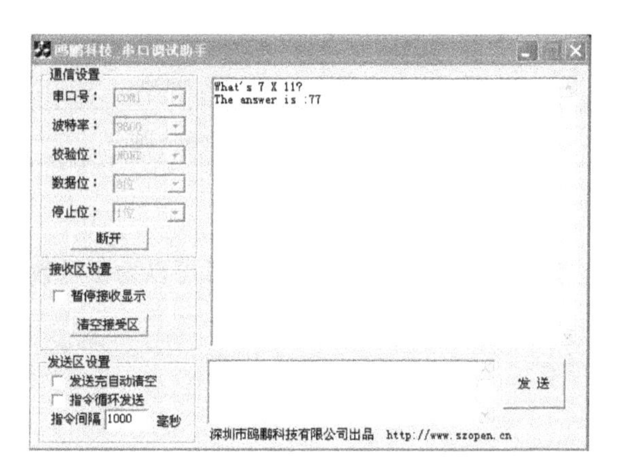

图 1-21　例程 HelloRobotYourTurn.c 输出结果

HelloRobotYourTurn.c 是如何工作的

在介绍 main 函数内容之前，先讲解一下 C 语言的一些基本知识。

C 语言数据类型

C 语言有 5 种基本数据类型：字符型、整型、单精度实型、双精度实型和空类型。这些数据类型的长度和范围会因处理器的类型和 C 语言编译程序的实现而有所不同，对于 Keil 51 产生的目标文件，表 1-1 给出了 3 种常用数据类型在书中用到的长度和范围。

表 1-1　常用数据类型的长度和范围

类　型	长　度（单位 bit）	范　围
char	8	−128～+127 即 -2^7～（2^7-1）
int	16	−32768～+32767 即 -2^{15}～（$2^{15}-1$）
float	32	-3.4×10^{-38}～3.4×10^{38}

标志符

在 C 语言中，标志符是对变量、函数名和其他各种用户定义对象的命名。标志符的长度可以是一个或多个字符。绝大多数情况下，标志符的第一个字符必须是字母或下画线，随后的字符必须是字母、数字或下画线（某些 C 语言编译器可能不允许以下画线作为标志符的起始字符）。表 1-2 是一些正确或错误标志符命名的实例。

表 1-2　正确或错误标志符命名的实例

正确形式	错误形式
count	2count
test23	hi!there
high_balance	high..balance

常量

C 语言中的常量是不接受程序修改的固定值，常量可以为任意数据类型，如下所示：

```
char  'a'、'9'
int   21、-234
```

变量

在程序中可以改变的量称为变量。一个变量应该有一个名字（标志符），在内存中占据

一定的存储单元，在该存储单元中存放变量的值。请注意区分变量名和变量值这两个不同的概念。所有 C 语言变量必须在使用之前定义。定义变量的一般形式是：

```
type variable_list;
```

这里的 type 必须是有效的 C 语言数据类型，variable_list（变量表）可以由一个或多个由逗号分隔的标志符名构成。下面给出一些定义的范例：

```
int i,j,k;
char 'x', 'y', 'z';
```

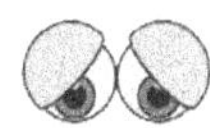

注意：C 语言中变量名与其类型无关。

运算符

C 语言有三大运算符：算术、关系与逻辑、位操作。另外，C 语言还有一些特殊的运算符，用于完成一些特殊的任务。

算术运算符

表 1-3 给出了 C 语言允许的算术运算符。在 C 语言中，运算符“+”、“-”、“*”和“/”的用法与大多数计算机语言相同，几乎可以用于 C 语言内定义的任何数据类型。

表 1-3　算术运算符

算术运算符	用　处
+	加法
-	减法
*	乘法
/	除法

表达式

表达式由运算符、常量及变量构成。C 语言的表达式遵循一般代数规则。

C 语言规定，任何表达式在其末尾加上分号就构成了语句。

赋值运算符

赋值运算符记为“=”。由“=”连接的式子称为赋值表达式，其后加分号构成赋值语句，其一般形式为：

```
变量=表达式;
```

现在来看看 main 函数是如何工作的。

```
int i;
```

定义了一个整型变量 i，i 即是变量的标志符，分号表示结束。

```
uart_Init();
```

与上一个例程一样，规定单片机串口如何与 PC 通信。

```
i=7*11;
```

将表达式“7*11”的值赋给变量 i，也就是说变量 i 的值为 77。

```
printf("What's 7 * 11?\n");
```

输出“What’s 7 * 11?”，这里 printf 的用法与上一个例程一样。

```
printf("The answer is :%d\n",i);
```

这里用到了 printf 函数的格式字符串输出。%d 指定输出数据的类型为十进制整数。printf 函数首先输出“The answer is :”；然后它遇到了“%d”，表示将后面输出列表中的变量以十进制的形式输出，即将变量 i 以“77”的形式输出；最后的输出结果为：

```
The answer is :77
```

最后一条语句 while(1);也起到在上例中同样的作用——防止程序跑飞。

任务 5　做完实验关断电源

把电源从教学板上断开很重要，原因有几点：第一，在系统不使用时及时断开电源，有利于节约电能，电池可以用得更久；第二，在以后的实验中，你将在教学板的面包板上搭建电路，搭建电路时，应使面包板断电。如果是在教室做实验，老师可能会有额外的要求，如断开串口电缆、把教学板存放到安全的地方等。总之，做完实验后最重要的一步是断开电源。

断开电源比较容易，只要将三位开关拨到“OFF”位即可。

工程素质和技能归纳

1．C51 系列单片机 Keil μVision IDE（集成开发环境）软件和 Progisp 单片机 ISP 下载编程软件的下载和安装。

2．机器人用 C51 教学板与计算机或者笔记本电脑的连接。

3．如何在集成开发环境中创建目标工程文件，并添加和编辑 C 语言源程序。

4．C 语言程序的编译和下载。

5．串口调试终端的使用。

6．C 语言基本知识：基本数据类型、常量、变量、运算符、表达式。

7．printf 格式输出函数的使用。

科学精神的培养

1．比较 Keil μVision IDE 与 Arduino IDE 开发环境的优缺点，找出它们的共同特点。

2．比较第一个 C 语言程序与第一个 Arduino 程序的异同，找出它们的共同点。

3．比较 Arduino 的 printf 函数和 Keil C 的 printf 函数的异同。

4．查找 C 语言的标准输入/输出库函数，了解 printf 的总体功能。本讲中用到了它的两个格式符和控制符。

5．查阅参考书，了解其他数据类型、算术运算符知识。

第 2 讲　C51 接口与伺服电机控制

学习情境

在《Arduino 机器人制作、编程与竞赛》课程中，已经学习和掌握了如何用与 Arduino 兼容的开源硬件 QTSTEAM Black 控制器的输入/输出接口控制小型连续旋转的伺服舵机，其中用到了 Arduino 的一个专用输出函数 digitalWrite(pin,value)和 C/C++语言的循环控制结构。本讲教你如何用单片机 AT89S52 的输入/输出接口来控制这种机器人伺服电机。为此，你要理解和掌握 C51 单片机输入/输出接口的特性，以及如何用 C 语言编程来输出脉冲。

C51 单片机的输入/输出接口

控制机器人伺服电机以不同速度运动是通过让单片机的输入/输出（I/O）接口输出不同的脉冲序列来实现的。51 系列单片机有 4 个 8 位的并行 I/O 口：P0、P1、P2 和 P3。这 4 个接口既可以作为输入，也可以作为输出；可按 8 位处理，也可按位方式（1 位）使用。图 2-1 是单片机 AT89S52 的引脚定义，这是一个标准的 44 引脚集成电路芯片。

说到这里，你或许马上就会问，单片机如何知道它的引脚是作为输入还是输出呢？

这与单片机各 I/O 接口的内部结构有关，而且每个 8 位并行 I/O 口的使用方式也不太一样。后文会根据机器人控制的需要逐步介绍它们的原理和使用方法。本讲主要介绍如何用 P1 口来完成对机器人伺服电机的控制。P1 口作为输出时，使用非常简单，可以直接对该口的位进行操作而无须额外设置，只要向该口的各个位输出你想输出的高、低电平信号即可。

AT89S52 引脚

如图 2-1 所示，AT89S52 共有 44 个引脚，其中 32 个是 I/O 引脚。在这 32 个引脚中，有 29 个具备两种用途（用圆括号写出），既可作为 I/O 口，也可作为控制信号口或地址/数据复用口。

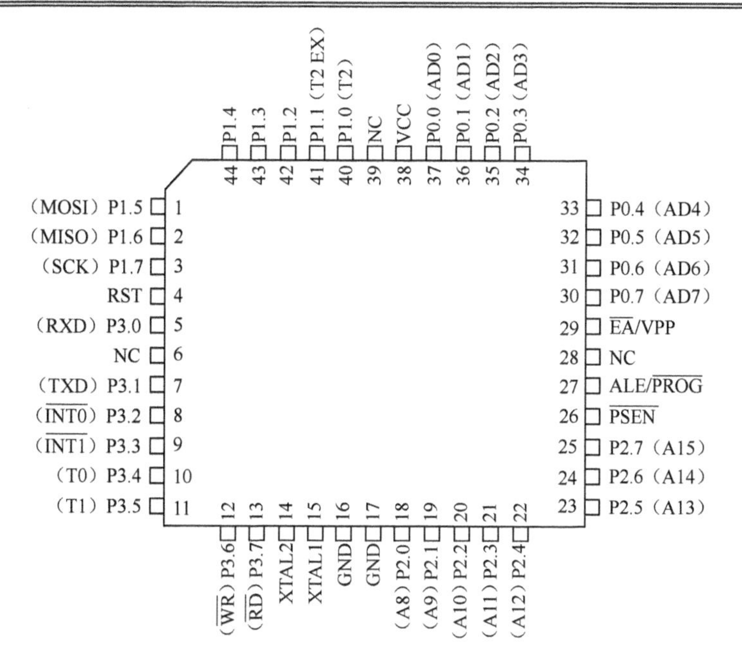

图 2-1　单片机 AT89S52 的引脚定义

任务 1　单灯闪烁控制

为了验证 P1 口的输出电平是不是由编写程序输出的电平，可以采用一个非常简单有效的办法，就是在想验证的口位接一个发光二极管。当输出高电平时，发光二极管灭；当输出低电平时，发光二极管亮。

在本任务中，使用 P1 口的第 1 引脚（记为 P1_0）来控制发光二极管以 1Hz 的频率不断闪烁。

LED 电路元件

（1）红色发光二极管 2 个。

（2）470Ω电阻 2 个。

LED 电路搭建

在机器人教学板的面包板上搭建实际电路，所使用的发光二极管和电阻参见图 2-2（a）（b）所示，电路连接如图 2-2（c）所示。实际搭建电路时应注意：

- 确认发光二极管的短针引脚（阴极）插入面包板并通过电阻与 P1_0 相连；

● 确认发光二极管的长针引脚（阳极）插入“+5V”插口。

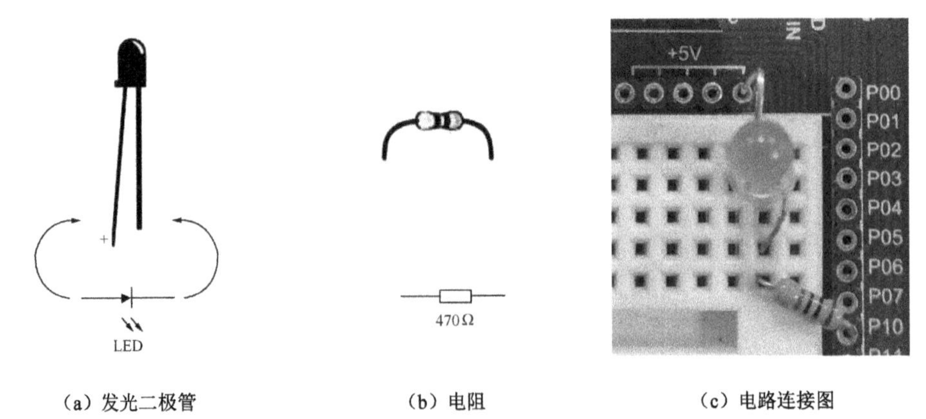

（a）发光二极管　　（b）电阻　　（c）电路连接图

图 2-2　发光二极管与 I/O 引脚 P1_0 的连接

例程：HighLowLed.c

● 接通教学板上的电源；
● 输入、保存、下载并运行程序 HighLowLed.c（整个过程请参考第 1 讲）；
● 观察与 P1_0 连接的 LED 是否每隔一秒亮、灭一次。

```
#include<BoeBot.h>
#include<uart.h>
int main(void)
{
  uart_Init();                                    //初始化串口
  printf("The LED connected to P1_0 is blinking!\n");
  while(1)
  {
    P1_0=1;                                       // P1_0 输出高电平
    delay_nms(500);                               //延时 500ms
    P1_0=0;                                       // P1_0 输出低电平
    delay_nms(500);                               //延时 500ms
  }
}
```

HighLowLed.c 是如何工作的

与第 1 讲中的程序相比，本例程使用了一个头文件 BoeBot.h，在该头文件中定义了两个延时函数：void delay_nms(unsigned int i)与 void delay_nus(unsigned int i)。

无符号整型数据 unsigned int

与第 1 讲讲到的整型数据 int 相比，无符号整型数据 unsigned int 只有一个不同：数据的取值范围从-32768～32767 变为 0～65535，也就是说它只能取非负整数。

delay_nms( )函数能实现毫秒级的延时，而 delay_nus( ) 函数能实现微秒级的延时。延时 1s 可以使用语句 delay_nms(1000)来实现；延时 1ms 则用语句 delay_nus(1000)来实现。

注意： 上述延时函数是在外部晶振频率为 12MHz 的情况下设计的，如果外部晶振频率不是 12MHz，调用这两个函数所产生的真正延时时间就会发生变化。

晶振的作用

单片机要工作，就必须有一个标准时钟信号，而晶振就是为单片机提供标准时钟信号的。

uart_Init( )是串口初始化函数，在头文件 uart.h 中实现，具体内容将在后文中介绍。

调用 printf 是为了在程序执行前给调试终端发送一条提示信息，告诉你现在程序开始执行了，并告诉你程序随后将开始干什么。这在以后的编程开发过程中，有助于提高程序的调试效率。代码段为：

```
while(1)
{
  P1_0=1;                    // P1_0 输出高电平
  delay_nms(500);            //延时 500ms
  P1_0=0;                    // P1_0 输出低电平
  delay_nms(500);            //延时 500ms
}
```

上述程序是本例程的功能主体。首先看两个大括号中的代码：先给 P1_0 引脚输出高电平，由赋值语句 P1_0=1 完成，然后调用延时函数 delay_nms(500)，让单片机微控制器等待 500ms，再给 P1_0 引脚输出低电平，即 P1_0=0，然后再次调用延时函数 delay_nms(500)，这样就完成了一次闪烁。在程序中，你没有看到 P1_0 的定义，它已经在由 C 语言为 C51 开发的标准库中定义好了，由头文件 uart.h 包含进来。后续讲节中将要用到的其他引脚名称和定义都是如此。

注意： 在所有计算机系统中，都用 1 表示高电平，0 表示低电平，所以 P1_0=1 表示向该引脚输出高电平，而 P1_0=0 表示向该引脚输出低电平。

例程中两次调用延时函数，让单片机微控制器在给 P1_0 引脚输出高电平和低电平之间都延时 500ms，即输出的高电平和低电平都保持 500ms。

微控制器的最大优点之一就是它从来不会抱怨不停地重复做同样的事情。为了让单片机不断闪烁，将让LED闪烁一次的几条语句放在while(1){…}循环里。这里用到了C语言实现循环结构的一种形式——while语句。

while语句

while语句的一般形式如下：

```
while（表达式） 循环体语句
```

当表达式为非0值时，执行while语句中的内嵌语句，其特点是先判断表达式，后执行语句。例程中直接用1代替了表达式，因此总是非0值，所以循环永不结束，可以一直让LED闪烁。

注意： 如果循环体包含一条以上的语句，则必须用大括号“{ }”括起来，以复合语句的形式出现。如果不加大括号，则while语句的范围只到while后面的第一个分号处。例如，本例while语句中如果没有大括号，则while语句的范围只到“P1_0=1；”。

也可以不要循环体，如第1讲例程中就直接用while(1)，程序将一直停在此处。

时序图简介

时序图反映的是引脚输出的高、低电压信号与时间的关系。在图2-3中，时间从左到右增长，高、低电压信号随着时间的变化在0V和5V之间变化。这个时序图显示的是刚才程序控制的引脚P1_0输出的1000ms周期的高、低电压信号片段，右边的省略号表示这些信号是重复出现的。

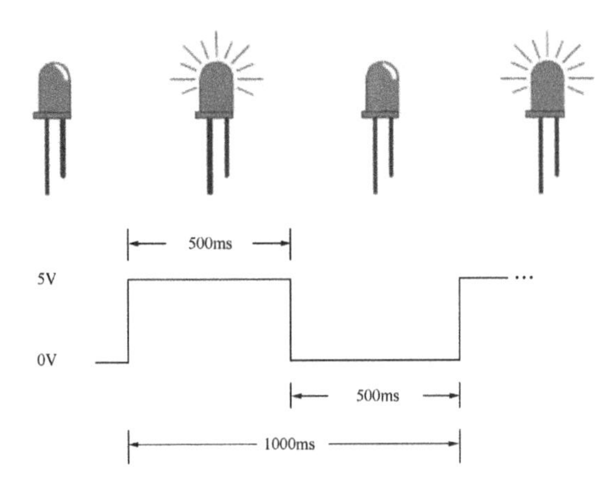

图2-3　程序HighLowLed.c控制的P1_0引脚电压输出时序图

该你了——让另一个 LED 闪烁

让另一个连接到 P1_1 引脚的 LED 闪烁是一件很容易的事情，把 P1_0 改为 P1_1，重新运行程序即可。

参考下面的代码段修改程序：

```
uart_Init();
printf("The LED connected to P1_1 is blinking!");
while(1)
{
  P1_1=1;                          // P1_1 输出高电平
  delay_nms(500);                  //延时 500ms
  P1_1=0;                          // P1_1 输出低电平
  delay_nms(500);                  //延时 500ms
}
```

运行修改后的程序，确定能让 LED 闪烁。

你也可以让两个 LED 同时闪烁，参考下面的代码段修改程序：

```
uart_Init();
printf("The LEDs connected to P1_0 and P1_1 are blinking!\n ");
while(1)
{
  P1_0=1;                          // P1_0 输出高电平
  P1_1=1;                          // P1_1 输出高电平
  delay_nms(500);                  //延时 500ms
  P1_0=0;                          // P1_0 输出低电平
  P1_1=0;                          // P1_0 输出低电平
  delay_nms(500);                  //延时 500ms
}
```

运行修改后的程序，确定能让两个 LED 同时闪烁。

当然，你可以再次修改程序，让两个发光二极管交替亮或灭，也可以通过改变延时函数参数 n 的值，来改变 LED 的闪烁频率。

尝试一下吧！

任务2　机器人伺服电机控制信号

如图2-4所示是高电平持续1.5ms、低电平持续20ms不断重复地控制脉冲序列。该脉冲序列发给经过零点标定后的伺服电机，伺服电机不会旋转。如果此时电机旋转，则表明电机需要标定。从图2-4、图2-5和图2-6可知，控制电机运转速度的是高电平持续的时间，当高电平持续时间为1.3ms时，电机顺时针全速旋转；当高电平持续时间为1.7ms时，电机逆时针全速旋转。下面你将学习如何给单片机微控制器编程使P1口的第1引脚（P1_0）发出伺服电机的控制信号。

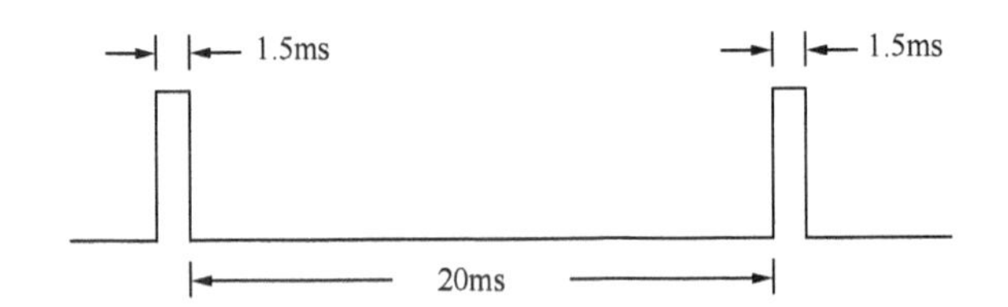

图2-4　电机转速为零的控制信号时序图

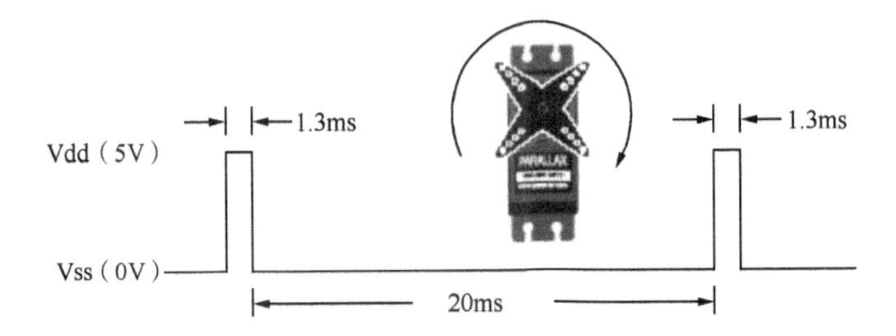

图2-5　1.3ms的控制脉冲序列使电机顺时针全速旋转

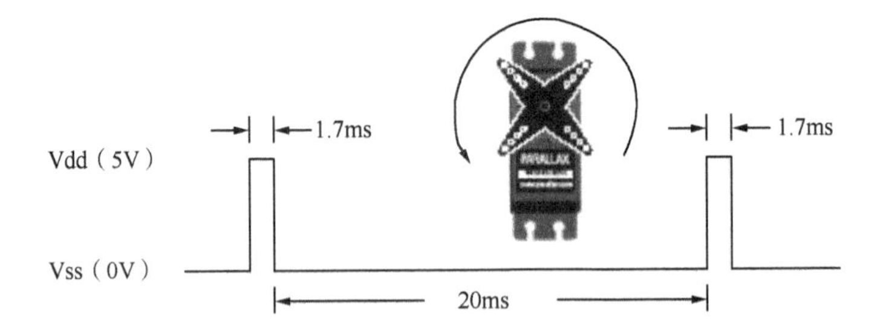

图2-6　1.7ms的控制脉冲序列使电机逆时针全速旋转

在进行下面的实验之前，必须首先确认一下机器人两个伺服电机的控制线是否已经正确

地连接到 C51 单片机教学板的两个专用电机控制接口上。按照图 2-7 所示的电机连接原理图和实际接线图进行检查。如果没有正确连接，请参照该图重新连接。实际连接时，P1_0 引脚的输出用来控制右边的伺服电机，而 P1_1 引脚的输出则用来控制左边的伺服电机。

发给伺服电机的高、低电平信号必须具备较为精确的时间。因为单片机只有整数，没有小数，所以要生成控制伺服电机的信号，要求具有比 delay_nms( )函数时间更精确的函数，这就需要用到另一个延时函数 delay_nus(unsigned int n)。前面已经介绍过，这个函数可以实现更小时间单位的延时，它的延时单位是μs，即千分之一毫秒，参数 n 为延时微秒数。

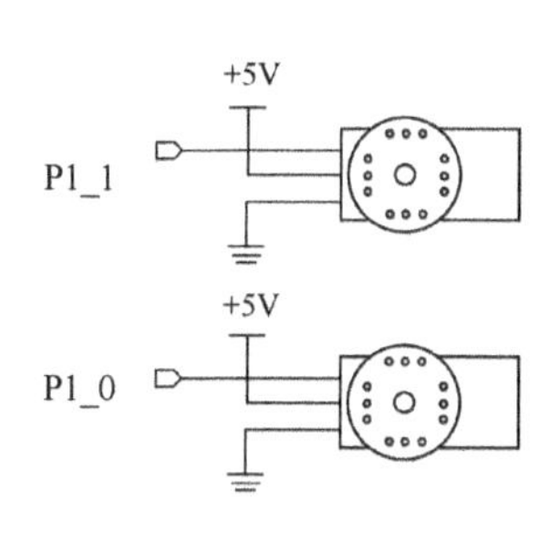

（a）电机连接原理图

（b）实际接线图

图 2-7　伺服电机与单片机教学板的连接原理图和实际接线图

看看下面的代码段：

```
while(1)
{
  P1_0=1;                    //P1_0 输出高电平
  delay_nus(1500);           //延时 1.5ms
  P1_0=0;                    //P1_0 输出低电平
  delay_nus(20000);          //延时 20ms
}
```

如果用这个代码段代替例程 HighLowLed.c 中相应的程序段，它是不是就会输出如图 2-4 所示的脉冲信号呢？答案是肯定的！如果你手边有示波器，可以用示波器观察 P1_0 引脚输出的波形是不是如图 2-4 所示。此时，连接到该引脚的机器人轮子是不是静止不动的？如果它在慢慢转动，则说明你的机器人伺服电机可能没有经过调校。

同样，用下面的代码段代替例程 HighLowLed.c 中相应的程序段，执行代码，观察连接到 P1_0 引脚的机器人轮子是不是顺时针全速旋转。

```
while(1)
{
```

```
    P1_0=1;                          //P1_0 输出高电平
    delay_nus(1300);                 //延时 1.3ms
    P1_0=0;                          //P1_0 输出低电平
    delay_nus(20000);                //延时 20ms
}
```

用下面的代码段代替例程 HighLowLed.c 中相应的程序段，执行代码，观察连接到 P1_0 引脚的机器人轮子是不是逆时针全速旋转。

```
while(1)
{
    P1_0=1;                          //P1_0 输出高电平
    delay_nus(1700);                 //延时 1.7ms
    P1_0=0;                          //P1_0 输出低电平
    delay_nus(20000);                //延时 20ms
}
```

该你了——让机器人的两个轮子全速旋转

刚才是让连接到 P1_0 引脚的机器人轮子全速旋转，下面你可以自己修改程序，让连接到 P1_1 引脚的机器人轮子全速旋转。

当然，最后须修改程序，让机器人的两个轮子都能够旋转。让机器人的两个轮子都顺时针全速旋转的参考程序如下。

例程：BothServoClockwise.c

- 接通教学板上的电源；
- 输入、保存、下载并运行程序 BothServoClockwsie.c（整个过程请参考第 1 讲）；
- 观察机器人的运动行为。

```
#include<BoeBot.h>
#include<uart.h>
int main(void)
{
      uart_Init();                   //初始化串口
      printf("The LEDs connected to P1_0 and P1_1 are blinking!\n ");
      while(1)
      {
            P1_0=1;                  //P1_0 输出高电平
```

```
            P1_1=1;                    //P1_1 输出高电平
            delay_nus(1300);           //延时 1.3ms
            P1_0=0;                    //P1_0 输出低电平
            P1_1=0;                    //P1_1 输出低电平
            delay_nms(20);             //延时 20ms
        }
    }
```

注意：上述程序用到了两个不同的延时函数，效果与前面的例子一样。运行上述程序时，你是不是对机器人的运动行为感到惊讶？

如何让机器人前进和后退呢？很简单，只需要让一个电机全速顺时针旋转，另一个电机全速逆时针旋转，机器人就会全速前进或者后退。具体原因请同学们仔细思考。修改程序 BothServoClockwise.c，让机器人能够全速前进或者后退。

任务 3　计数并控制循环次数

任务 2 中已经通过对 C51 单片机编程实现了对机器人伺服电机的控制，为了让微控制器不断地发出控制指令，你用到了以 while(1)开头的死循环（即永不结束的循环）。不过，在实际的机器人控制过程中，你会经常要求机器人运动一段给定的距离或者一段固定的时间，这时就需要能够控制代码执行的次数。

for 语句

最方便的控制一段代码执行次数的方法是利用 for 循环，语法如下：

```
for（表达式 1；表达式 2；表达式 3）语句
```

它的执行过程如下。

（1）求解表达式 1。

（2）求解表达式 2，若其值为真（非 0），则执行 for 语句中指定的内嵌语句，然后执行下面第（3）步；若其值为假（0），则结束循环，转到第（5）步。

（3）求解表达式 3。

（4）转回第（2）步继续执行。

（5）循环结束，执行 for 语句下面的一条语句。

for 语句最简单的应用形式，也就是最易理解的形式如下：

```
for（循环变量赋初值；循环条件；循环变量增/减值）语句
```

例如，下面是一个用整型变量 myCounter 来计数的 for 循环程序段。每执行一次循环，它会输出显示 myCounter 的值。

```
for(myCounter=1; myCounter<=10; myCounter++)
{
  printf("%d",myCounter);
  delay_nms(500);
}
```

这里向你介绍新的算术运算符。

自增和自减

C 语言中有两个很有用的运算符——自增和自减，即“++”和“- -”。

运算符“++”是操作数加 1，而“- -”是操作数减 1。换句话说，“x=x+1”同“x++”；“x=x−1”同“x- -”。

myCounter ++的作用就相当于 myCounter＝myCounter＋1，只不过这样用起来更简洁。这也是 C 语言的特点之一，灵活简洁。

该你了——不同的初始值和终值及计数步长

你可以修改表达式 3 来使 myCounter 以不同的步长计数，而不是按 9，10，11，…来计数，你可以让它每次增加 2（9，11，13，…）或增加 5（10，15，20，…），或任何你想要的步进，递增或递减都可以。下面的例子是每次减 3。

```
for(myCounter=21; myCounter>=9; myCounter=myCounter-3)
{
  printf("%d\n",myCounter);
  delay_nms(500);
}
```

用 for 循环控制伺服电机的运行时间

到目前为止，你已经理解了用脉冲宽度控制连续旋转伺服电机速度和方向的原理。控制伺服电机速度和方向的方法是非常简单的，控制伺服电机运行时间的方法也非常简单，那就是用 for 循环。

下面是 for 循环的例子，它会使伺服电机运行几秒钟。

```
for(Counter=1;Counter<=100;i++)
{
```

```
    P1_1=1;
    delay_nus(1700);
    P1_1=0;
    delay_nms(20);
  }
```

让我们来计算一下这个代码段能使伺服电机转动的确切时间长度。每循环一次，语句 delay_nus(1700)持续 1.7 ms，语句 delay_nms(20)持续 20ms，其他语句的执行时间很短，可忽略。那么，for 循环整体执行一次的时间＝1.7 ms＋20 ms＝21.7ms，本循环执行 100 次，即 21.7ms 乘以 100，时间＝21.7ms×100＝0.0217s×100＝2.17s。

假如要让伺服电机运行 4.34s，for 循环必须执行上面两倍的时间。

```
  for(Counter=1;Counter<=200;i++)
  {
    P1_1=1;
    delay_nus(1700);
    P1_1=0;
    delay_nms(20);
  }
```

例程：ControlServoRunTimes.c

- 输入、保存并运行程序 ControlServoRunTimes.c；
- 验证是否与 P1_1 引脚连接的伺服电机逆时针旋转 2.17s，然后与 P1_0 引脚连接的伺服电机逆时针旋转 4.34s。

```
#include<BoeBot.h>
#include<uart.h>
int main(void)
{
  int Counter;

  uart_Init();
  printf("Program Running!\n");

  for(Counter=1;Counter<=100;Counter++)
  {
    P1_1=1;
    delay_nus(1700);
```

```
        P1_1=0;
        delay_nms(20);
      }
      for(Counter=1;Counter<=200;Counter++)
      {
        P1_0=1;
        delay_nus(1700);
        P1_0=0;
        delay_nms(20);
      }
      while(1);
    }
```

假如想让两个伺服电机同时运行，向 P1_1 引脚连接的电机发出 1.7ms 的脉宽，向 P1_0 引脚连接的电机发出 1.3ms 的脉宽，现在每循环一次要用的时间是：

1.7ms——与 P1_1 引脚连接的电机；

1.3ms——与 P1_0 引脚连接的电机；

20ms——中断持续时间。

一共是 23ms。

如果想使机器人运行一段确定的时间，计算如下：

脉冲数量=时间/0.023s

假如想让电机运行 3s，计算如下：

脉冲数量=3s/0.023s= 130

现在可以将 for 循环中的程序做如下修改：

```
    for(counter=1;counter<=130;i++)
    {
      P1_1=1;
      delay_nus(1700);
      P1_1=0;
      P1_0=1;
      delay_nus(1300);
      P1_0=0;

      delay_nms(20);
    }
```

例程： BothServosThreeSeconds.c

下面是一个使电机向一个方向旋转 3s，然后反向旋转 3s 的例子。

● 输入、保存并运行程序 BothServosThreeSeconds.c；

```
#include<BoeBot.h>
#include<uart.h>
int main(void)
{
  int counter;
  uart_Init();
  printf("Program Running!\n");

  for(counter=1;counter<=130;counter++)
  {
    P1_1=1;
    delay_nus(1700);
    P1_1=0;

    P1_0=1;
    delay_nus(1300);
    P1_0=0;
    delay_nms(20);
  }
  for(counter=1;counter<=130;counter++)
  {
    P1_1=1;
    delay_nus(1300);
    P1_1=0;

    P1_0=1;
    delay_nus(1700);
    P1_0=0;
    delay_nms(20);
  }
  while(1);
}
```

验证机器人是否沿一个方向运行 3s，然后反方向运行 3s。你是否注意到：当电机同时反向的时候，它们总是保持同步运行？这有什么作用呢？

任务 4　用计算机来控制机器人的运动

在工业自动化中，经常需要单片机与计算机进行通信连接。一方面，单片机要读取周边传感器的信息，并把数据传给计算机；另一方面，计算机要解释和分析传感器数据，然后把分析结果或者决策传给单片机以执行某种操作。

由第 1 讲可知，C51 单片机可以通过串口向计算机发送信息，本讲将使用串口和串口调试终端软件从计算机向单片机发送数据来控制机器人的运动。

在本任务中，你要编程让 C51 单片机从调试窗口接收以下两个数据。

（1）由单片机发给伺服电机的脉冲个数。

（2）脉冲宽度（以μs 为单位）。

例程： ControlServoWithComputer.c

- 输入、保存、下载并运行程序 ControlServoWithComputer.c；
- 验证机器人各个轮子的转动是否同期望的运动一样。

```
#include<BoeBot.h>
#include<uart.h>
int main(void)
{
     int Counter;
     int PulseNumber,PulseDuration;
     uart_Init();
     printf("Program Running!\n");

     printf("Please input pulse number:\n");
     scanf("%d",&PulseNumber);
     printf("Please input pulse duration:\n");
     scanf("%d",&PulseDuration);

     for(Counter=1;Counter<=PulseNumber;Counter++)
     {
        P1_1=1;
        delay_nus(PulseDuration);
        P1_1=0;
        delay_nms(20);
```

```
    }
    for(Counter=1;Counter<=PulseNumber;Counter++)
    {
      P1_0=1;
      delay_nus(PulseDuration);
      P1_0=0;
      delay_nms(20);
    }
    while(1);
}
```

ControlServoWithComputer.c 是如何工作的

想让单片机通过串口从计算机读取输入的数据，就要用到格式输入函数。

scanf 函数

scanf 函数与 printf 函数对应，在 C51 库的 stdio.h 中定义。下面是它的一般形式：

```
scanf ( "格式控制字符串", 地址列表 ) ;
```

“格式控制字符串”的作用与 printf 函数相同，但不能显示非格式字符串，也就是不能显示提示字符串。

地址列表中给出各变量的地址。地址由地址运算符“&”后跟变量名组成，如“&a”表示变量 a 的地址。这个地址是编译系统在存储器中给变量 a 分配的地址，无须关心具体的地址是多少。

变量的值和变量的地址

这是两个不同的概念，例如：

a=123;

那么，a 为变量名，123 是变量的值，&a 则是变量 a 的地址。

scanf("%d",&PulseNumber)将会把输入的十进制整数赋给变量 PulseNumber。

程序运行过程如图 2-8 所示。

（1）首先输出“Program Running!”和“Please input pulse number:”。

（2）程序处于等待状态，等待输入数据。

（3）输入数据给变量 PulseNumber。

（4）输出“Please input pulse duration:”。

（5）程序处于等待状态。

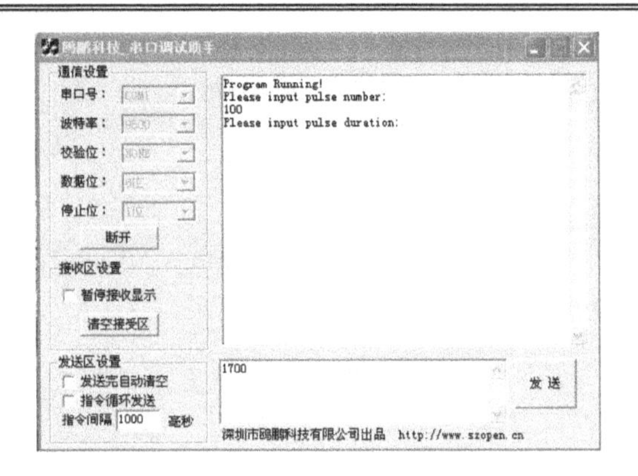

图 2-8　例程运行过程

（6）输入数据给变量 PulseDuration。

（7）电机运转。

一次输入多个数据

当要求输入数据比较多时，上述方法是不是很麻烦？下面的代码可以让你一次输入两个数据，两个数据之间用空格隔开。

```
printf("Please input pulse number and pulse duration:\n");
scanf("%d %d",&PulseNumber,&PulseDuration);
```

想一想，如果要输入 3 个及以上数据，程序代码该怎样写呢？

工程素质和技能归纳

1．掌握 C51 系列单片机的引脚定义和分布。

2．掌握用 C51 单片机的 P1 口的位输出控制单灯和双灯闪烁，了解时序图的概念，学会 while 循环的引入方法和延时函数的使用方法。

3．掌握机器人伺服电机的控制脉冲序列，通过给 C51 单片机编程让其输出这些控制脉冲序列。

4．学会自增运算符的使用方法。

5．学会使用 for 循环控制机器人的运动。

6．学会通过串口输入数据控制机器人的运动。

科学精神的培养

1．比较 Arduino 与 C51 单片机的输入/输出接口的使用方法。
2．比较 C 语言程序与 Arduino 程序的异同，找出它们的共同点。
3．比较 C 语言的 for 循环和 Arduino 的 for 循环。
4．查找 C 语言的标准输入/输出库函数，了解 scanf 的总体功能。

第3讲　C语言函数与机器人运动控制

学习情境

通过对单片机编程可以使机器人完成各种运动动作。本讲使用C51单片机和C语言来实现这些功能，同时详细介绍C语言函数的定义和使用方法。前面已经提到，函数是C语言的核心概念和方法。

本讲要完成的主要任务如下。

（1）对单片机编程使机器人做基本运动动作：向前、向后、左转、右转和原地旋转。

（2）编写程序使机器人由突然启动或停止变为逐步加速或减速运动。

（3）编写一些执行基本运动动作的函数，每个函数都能够被多次调用。

（4）将复杂运动记录在数组中，编写程序执行这些运动。

任务1　基本运动动作

图3-1定义了机器人的前、后、左、右4个方向：当机器人向前走时，它将走向本页纸的右边；向后走时，会走向纸的左边；向左转，会使其向纸的顶端移动；向右转，它会朝着本页纸的底端移动。

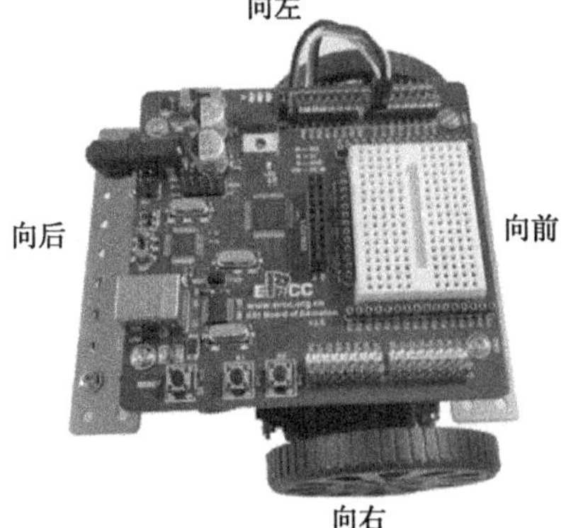

图3-1　机器人运动方向的定义

向前运动

按照图3-1前进方向的定义，机器人向前走时，从机器人的左边看，它向前走时轮子是逆时针旋转的；从右边看，另一个轮子则是顺时针旋转的。

回忆一下第2讲的内容，发给单片机控制引脚的高电平持续时间决定了伺服电机旋转的速度和方向；for循环的参数控制发送给伺服电机的脉冲数量，由于每个脉冲的时间是相同的，因而for循环的次数也控制伺服电机运行的时间。下面是使机器人向前走3s的程序实例。

例程： RobotForwardThreeSeconds.c

- 确保微控制器和伺服电机都已接通电源；
- 输入、保存、编译、下载并运行程序 RobotForwardThreeSeconds.c。

```
#include<BoeBot.h>
#include<uart.h>
int main(void)
{
    int counter;
    uart_Init();
    printf("Program Running!\n");

    for(counter=0;counter<130;counter++)        //运行 3s
    {
        P1_1=1;
        delay_nus(1700);
        P1_1=0;

        P1_0=1;
        delay_nus(1300);
        P1_0=0;

        delay_nms(20);
    }
    while(1);
}
```

RobotForwardThreeSeconds.c 是如何工作的

理解上述例程对你来说应该没什么问题。for 循环体中前三行语句使左侧电机逆时针旋转，接着的三行语句使右侧电机顺时针旋转。因此，两个轮子转向机器人的前端，使机器人向前运动。整个 for 循环执行 130 次，大约需要 3s，从而使机器人向前运动 3s。

关于例程调试的一点说明

例程中使用 printf 函数是为了起提示作用。若你觉得串口线影响了机器人的运动，可以不用此函数。还有一个调试的方法：让机器人的前端悬空，让伺服电机空转，这样调试起来就方便了，机器人不会到处乱跑。后面的例程调试也是如此。

该你了——调节距离和速度

- 将 for 循环的循环次数调到 65，可以使机器人运行时间减少到刚才的一半，运行距离也是一半；
- 以新的文件名保存程序 RobotForwardThreeSeconds.c；
- 运行程序来验证运行的时间和距离是否为刚才的一半；
- 将 for 循环的循环次数调到 260，重复上述步骤。

delay_nus 函数的参数 n 为 1700 和 1300，都使电机以几乎最大速度旋转。把每个 delay_nus 函数的参数 n 设定得更接近让电机保持停止的值——1500，可以使机器人减速。

修改程序中相应的代码段如下：

```
P1_1=1;
delay_nus(1560);
P1_1=0;
P1_0=1;
delay_nus(1440);
P1_0=0;
delay_nms(20);
```

运行程序，验证一下机器人运行速度是否减慢。

向后走、原地转弯和绕轴旋转

将 delay_nus 函数的参数 n 以不同的值组合可以使机器人以其他的方式运行。例如，下面的程序段可以使机器人向后走。

```
P1_1=1;
delay_nus(1300);
P1_1=0;
P1_0=1;
delay_nus(1700);
P1_0=0;
delay_nms(20);
```

下面的程序段可以使机器人原地左转。

```
P1_1=1;
delay_nus(1300);
```

```
P1_1=0;
P1_0=1;
delay_nus(1300);
P1_0=0;
delay_nms(20);
```

下面的程序段可以使机器人原地右转。

```
P1_1=1;
delay_nus(1700);
P1_1=0;
P1_0=1;
delay_nus(1700);
P1_0=0;
delay_nms(20);
```

你可以把上述程序段组合到一个程序中，让机器人向前走、左转、右转及向后走。

例程：ForwardLeftRightBackward.c

● 输入、保存并运行程序 ForwardLeftRightBackward.c；

```
#include<BoeBot.h>
#include<uart.h>
int main(void)
{
    int counter;
    uart_Init();
    printf("Program Running!\n");

    for(counter=1;counter<=65;counter++)         //向前
    {
        P1_1=1;
        delay_nus(1700);
        P1_1=0;

        P1_0=1;
        delay_nus(1300);
        P1_0=0;

        delay_nms(20);
```

```
}

for(counter=1;counter<=26;counter++)          //向左转
{
      P1_1=1;
      delay_nus(1300);
      P1_1=0;

      P1_0=1;
      delay_nus(1300);
      P1_0=0;

      delay_nms(20);
}

for(counter=1;counter<=26;counter++)          //向右转
{
      P1_1=1;
      delay_nus(1700);
      P1_1=0;

      P1_0=1;
      delay_nus(1700);
      P1_0=0;

      delay_nms(20);
}

for(counter=1;counter<=65;counter++)          //向后
{
      P1_1=1;
      delay_nus(1300);
      P1_1=0;

      P1_0=1;
      delay_nus(1700);
      P1_0=0;

      delay_nms(20);
```

```
    }
    while(1);
}
```

该你了——使机器人以一个轮子为支点旋转

你可以使机器人绕一个轮子旋转。诀窍是使一个轮子不动而另一个轮子旋转。例如，保持左轮不动而右轮从前面顺时针旋转，机器人将以左轮为轴旋转。

```
P1_1=1;
delay_nus(1500);
P1_1=0;
P1_0=1;
delay_nus(1300);
P1_0=0;
delay_nms(20);
```

如果想使它从前面向右旋转，很简单，令右轮停止，左轮从前面逆时针旋转。

```
P1_1=1;
delay_nus(1700);
P1_1=0;
P1_0=1;
delay_nus(1500);
P1_0=0;
delay_nms(20);
```

以下程序段使机器人从后面向右旋转。

```
P1_1=1;
delay_nus(1300);
P1_1=0;
P1_0=1;
delay_nus(1500);
P1_0=0;
delay_nms(20);
```

最后这些程序段使机器人从后面向左旋转。

```
P1_1=1;
delay_nus(1500);
```

```
P1_1=0;
P1_0=1;
delay_nus(1700);
P1_0=0;
delay_nms(20);
```

把 ForwardLeftRightBackward.c 另存为 PivotTests.c。

用刚讨论过的代码段替代向前、向左转、向右转和向后相应的代码段，通过更改每个 for 循环的循环次数来调整每个动作的运行时间，更改注释来反映每个新的旋转动作。

运行更改后的程序，验证上述旋转运动是否不同。

任务 2　匀加速/减速运动

在机器人运动过程中，你是否发现机器人在每次启动和停止的时候都有些太快，从而导致机器人几乎要倾倒。为什么会这样呢？

回忆一下学过的物理知识，还记得牛顿第二定律和运动学知识吗？前面的程序总是直接给机器人伺服电机输出最大速度控制命令。根据运动学知识，当一个物体从零加速到最大运动速度时，时间越短，所需加速度就越大。而根据牛顿第二定律，加速度越大，物体所受的惯性力就越大。因此，前面的程序因为没有给机器人足够的加速和减速时间，所以受到的惯性力就比较大，从而导致机器人在启动和停止时有一个较大的前倾力或者后坐力。要消除这种情况，就必须让机器人的速度逐渐增加或逐渐减小。采用均匀加速或减速是一种比较好的速度控制策略，这样不仅可以让机器人运动得更加平稳，还可以延长机器人电机的使用寿命。

编写匀加速运动程序

匀加速运动程序段示例如下：

```
for(pulseCount=10;pulseCount<=200;pulseCount=pulseCount+1)
{
    P1_1=1;
    delay_nus(1500+pulseCount);
    P1_1=0;

    P1_0=1;
    delay_nus(1500-pulseCount);
    P1_0=0;
    delay_nms(20);
}
```

上述 for 循环语句能使机器人的速度由停止到全速。循环每重复执行一次，变量 pulseCount 就增加 1：第 1 次循环时，变量 pulseCount 的值是 10，此时发给 P1_1、P1_0 的脉冲宽度分别为 1.51ms、1.49ms；第 2 次循环时，变量 pulseCount 的值是 11，此时发给 P1_1、P1_0 的脉冲宽度分别为 1.511ms、1.489ms。随着变量 pulseCount 值的增加，电机的速度也在逐渐增加。到执行第 190 次循环时，变量 pulseCount 的值是 200，此时发给 P1_1、P1_0 的脉冲宽度分别为 1.7ms、1.3ms，电机全速运转。

回顾第 2 讲的任务 3，for 循环也可以由高向低计数。可以通过使用 for(pulseCount=200; pulseCount>=0;pulseCount=pulseCount-1)来实现速度的逐渐减小。下面是一个使用 for 循环实现电机速度逐渐增加到全速，然后逐渐减小到停止的例子。

例程：StartAndStopWithRamping.c

```
#include<BoeBot.h>
#include<uart.h>
int main(void)
{
    int pulseCount;
    uart_Init();
    printf("Program Running!\n");

    for(pulseCount=10;pulseCount<=200;pulseCount=pulseCount+1)
    {
        P1_1=1;
        delay_nus(1500+pulseCount);
        P1_1=0;

        P1_0=1;
        delay_nus(1500-pulseCount);
        P1_0=0;
        delay_nms(20);
    }

    for(pulseCount=1;pulseCount<=75;pulseCount++)
    {
        P1_1=1;
        delay_nus(1700);
        P1_1=0;
```

```
            P1_0=1;
            delay_nus(1300);
            P1_0=0;
            delay_nms(20);
        }

        for(pulseCount=200;pulseCount>=0;pulseCount=pulseCount-1)
        {
            P1_1=1;
            delay_nus(1500+pulseCount);
            P1_1=0;

            P1_0=1;
            delay_nus(1500-pulseCount);
            P1_0=0;
            delay_nms(20);
        }
        while(1);
    }
```

- 输入、保存并运行程序 StartAndStopWithRamping.c；
- 验证机器人是否逐渐加速到全速，保持一段时间，然后逐渐减速到停止。

该你了

尝试创建一个程序，将加速或减速与其他的运动结合起来。下面是一个逐渐增加速度向后走而不是向前走的例子。加速向后走与加速向前走的唯一不同之处在于发给 P1_1 的脉冲宽度由 1.5ms 逐渐减小，而向前走是逐渐增加的；相应地，发给 P1_0 的脉冲宽度由 1.5ms 逐步增加。

```
    for(pulseCount=10;pulseCount<=200;pulseCount=pulseCount+1)
    {
        P1_1=1;
        delay_nus(1500-pulseCount);
        P1_1=0;
        P1_0=1;
        delay_nus(1500+pulseCount);
        P1_0=0;
```

```
        delay_nms(20);
    }
```

也可以通过增加程序中两个 pulseCount 的值到 1500 来创建一个在旋转中匀变速的程序。通过逐渐减小程序中两个 pulseCount 的值，可以沿另一个方向匀变速旋转。以下是一个匀变速旋转 1/4 周的例子。

```
    for(pulseCount=1;pulseCount<=65;pulseCount++)        //匀加速向右转
    {
        P1_1=1;
        delay_nus(1500+pulseCount);
        P1_1=0;
        P1_0=1;
        delay_nus(1500+pulseCount);
        P1_0=0;
        delay_nms(20);
    }
    for(pulseCount=65;pulseCount>=0;pulseCount--)        //匀减速向右转
    {
        P1_1=1;
        delay_nus(1500+pulseCount);
        P1_1=0;
        P1_0=1;
        delay_nus(1500+pulseCount);
        P1_0=0;
        delay_nms(20);
    }
```

打开程序 ForwardLeftRightBackward.c，另存为 ForwardLeftRightBackward－Ramping.c。修改程序，使机器人的每一个动作都能够匀加速或匀减速进行。

提示：你可以使用上面的代码段和 StartAndStopWithRamping.c 程序中相似的片段。

任务 3　用函数调用简化运动程序

在后面的任务中，机器人将执行各种运动来避开障碍物和完成其他动作。不过，无论机器人要执行何种动作，都离不开前面讨论的各种基本动作。为了便于各种应用程序使用这些基本动作程序，可以将这些基本动作程序放在函数中，供其他函数调用来简化程序。

C语言提供了强大的函数定义功能。一个C程序通常由一个主函数和若干个其他函数构成，由主函数调用其他函数，其他函数也可以相互调用。同一个函数可以被一个或多个函数调用任意多次。

实际上，为了实现复杂的程序设计，在所有的计算机高级语言中都有子程序或者子过程的概念。在C语言程序中，子程序的作用就是由函数来完成的。

从函数定义的角度来看，函数有以下两种

（1）标准函数，即库函数。由开发系统提供，用户不必自己定义而直接使用，只需在程序前包含该函数原型的头文件即可在程序中直接调用。例如，前面已经用到的串口标准输入（printf）和输出（scanf）函数。必须说明，不同的语言编译系统提供的库函数的数量和功能会有一些不同，但许多基本函数是相同的。

（2）用户定义函数，以解决你的专门需要。不仅要在程序中定义函数本身，而且在需要调用自定义函数的程序模块中还必须对该被调自定义函数进行声明，才能使用。

从有无返回值角度来看，函数又分为以下两种

（1）有返回值函数。函数被调用执行完后将向调用者返回一个执行结果，称为函数返回值。由用户定义的返回函数值，必须在函数定义中明确其类型。

（2）无返回值函数。此类函数用于完成某项特定的处理任务，执行完成后不向调用者返回函数值。用户在定义此类函数时要指定它的返回值为“空类型”，即“void”。

从主调函数和被调函数之间数据传送的角度看，函数也可分为以下两种

（1）无参函数。函数定义、说明及调用中均不带参数，主调函数和被调函数之间不进行参数传送。此类函数通常用来完成一组指定的功能，可以返回或不返回函数值。

（2）有参函数。在函数定义及申明时都有参数，称为变量参数。在函数调用时也必须给出变量参数的具体值。进行函数调用时，主调函数将把实际的参数值传送给变量参数，供被调函数使用。

在第1讲中已经给出了函数定义的一般形式：

```
类型标志符　函数名(变量参数列表)
{
    声明部分
    语句
}
```

其中，类型标志符和函数名称为函数头。类型标志符指明了函数的类型，函数的类型实际上是函数返回值的类型。函数名是由用户定义的标志符，函数名后有一个括号（不可少写）。

若函数无参数，则括号内可不写内容或写“void”；若有参数，则变量参数列表给出各种类型的变量，各参数之间用逗号间隔。

{ }中的内容称为函数体。函数体中的声明部分，是对函数体内部用到的变量的类型说明。在很多情况下都不要求函数有返回值，此时函数类型标志符可以写为“void”。

main 函数的返回值

前面说过，main 函数是不能被其他函数调用的，那它的返回值类型 int 是怎么回事呢？

其实不难理解，main 函数执行完后，它的返回值是给操作系统的。虽然在 main 函数体内并没有什么语句来指出返回值的大小，但系统默认的处理方式是：当 main 函数成功执行时，它的返回值为 1；否则为 0。

现在看看下面的函数定义。

```
void Forward(void)
{
    int i;
    for(i=1;i<=65;i++)
    {
      P1_1=1;
      delay_nus(1700);
      P1_1=0;
      P1_0=1;
      delay_nus(1300);
      P1_0=0;
      delay_nms(20);
    }
}
```

Forward 函数可以使机器人向前运动约 1.5s，该函数没有变量参数，也没有返回值。在主程序中，可以调用它来让你的机器人向前运动约 1.5s。但是这个函数并没有太大的使用价值，如果想让你的机器人向前运动 2s，该怎么办呢？是重新写一个函数来实现这个运动吗？当然不是！通过修改上面的函数，给它增加两个变量参数，一个是脉冲数变量，另一个是速度变量参数，这样主程序在调用它时就可以按照你的要求灵活设置这些参数，从而使函数真正成为一个有用的模块。重新定义向前运动函数如下：

```
void Forward(int PulseCount， int Velocity)
/* Velocity should be between 0 and 200    */
{
    int i;
```

```
        for(i=1;i<=PulseCount;i++)
        {
          P1_1=1;
          delay_nus(1500+Velocity);
          P1_1=0;
          P1_0=1;
          delay_nus(1500-Velocity);
          P1_0=0;
          delay_nms(20);
        }
    }
```

在函数定义下方增加了一行注释，提醒你在调用该函数时，速度参量的值必须在 0～200 之间。

注释符

除“//”外，C 语言还提供了另一种语句注释符——“/*”和“ */”。

“/*”和“*/”必须成对使用，在它们之间的内容将被注释掉。它的作用范围比“//”大：“//”仅对它所在的一行起注释作用；但“/*…*/”可以对多行起注释作用。

注释是你在学习程序设计时要养成的良好习惯。

下面是一个完整的使用向前、左转、右转和向后 4 个函数的例程。

例程：MovementsWithFunctions.c

输入、保存、编译、下载并运行程序 MovementsWithFunctions.c。

```
#include<BoeBot.h>
#include<uart.h>
void Forward(int PulseCount,int Velocity)
/* Velocity should be between 0 and 200    */
{
    int i;
    for(i=1;i<= PulseCount;i++)
    {
        P1_1=1;
        delay_nus(1500+ Velocity);
        P1_1=0;
        P1_0=1;
        delay_nus(1500- Velocity);
```

```
                P1_0=0;
                delay_nms(20);
            }
    }
    void Left(int PulseCount,int Velocity)
    /* Velocity should be between 0 and 200    */
    {
            int i;
            for(i=1;i<= PulseCount;i++)
            {
                P1_1=1;
                delay_nus(1500-Velocity);
                P1_1=0;
                P1_0=1;
                delay_nus(1500-Velocity);
                P1_0=0;
                delay_nms(20);
            }
    }
    void Right(int PulseCount,int Velocity)
    /* Velocity should be between 0 and 200    */
    {
            int i;
            for(i=1;i<= PulseCount;i++)
            {
                P1_1=1;
                delay_nus(1500+Velocity);
                P1_1=0;
                P1_0=1;
                delay_nus(1500+Velocity);
                P1_0=0;
                delay_nms(20);
            }
    }
    void Backward(int PulseCount,int Velocity)
    /* Velocity should be between 0 and 200    */
    {
            int i;
            for(i=1;i<= PulseCount;i++)
```

```
        {
            P1_1=1;
            delay_nus(1500-Velocity);
            P1_1=0;
            P1_0=1;
            delay_nus(1500+ Velocity);
            P1_0=0;
            delay_nms(20);
        }
}
int main(void)
{
    uart_Init();
    printf("Program Running!\n");

    Forward(65,200);
    Left(26,200);
    Right(26,200);
    Backward(65,200);
    while(1);
}
```

这个程序的运行结果与程序 ForwardLeftRightBackward.c 产生的效果是相同的。很明显，还有许多方法可以构造一个程序而得到同样的结果。实际上，4 个函数的具体实现部分几乎完全一样，有没有可能将这些函数进行归纳，用一个函数来实现所有这些功能呢？当然有，前面的 4 个函数都用到了两个变量参数，一个是控制时间的脉冲个数，另一个是控制运动速度的参数，而 4 个函数实际上代表了 4 个不同的运动方向。如果能够通过参数控制运动方向，显然这 4 个函数就完全可以简化成为一个更为通用的函数，它不仅可以涵盖以上 4 种基本运动，而且可以使机器人朝你希望的方向运动。

机器人由两个轮子驱动，实际上两个轮子的不同速度组合控制着机器人的运动速度和方向，因此可以直接用两个车轮的速度作为变量参数，将所有的机器人运动用一个函数来实现。

例程：MovementsWithOneFuntion.c

这个例程使你的机器人做同样动作，但是它只用一个子函数来实现。

```
#include <BoeBot.h>
#include <uart.h>
void Move(int counter,int PC1_pulseWide,int PC0_pulseWide)
```

```
    {
        int i;
        for(i=1;i<=counter;i++)
        {
            P1_1=1;
            delay_nus(PC1_pulseWide);
            P1_1=0;
            P1_0=1;
            delay_nus(PC0_pulseWide);
            P1_0=0;
            delay_nms(20);
        }
    }
    int main(void)
    {
        uart_Init();
        printf("Program Running!\n");

        Move(65,1700,1300);
        Move(26,1300,1300);
        Move(26,1700,1700);
        Move(65,1300,1700);
        while(1);
    }
```

- 输入、保存并运行程序 MovementsWithOneFuntion.c；
- 你的机器人是否执行了向前、向左、向右、向后运动呢？
- 修改 MovementsWithOneFuntion.c，使机器人走一个正方形。要求：第一边和第二边向前走，另外两个边向后走。

任务 4　高级主题——用数组建立复杂运动

到目前为止，你已经试过用 3 种不同的编程方法来使机器人向前走、左转、右转和向后走。每种方法都有它的优点，但是当让机器人执行一个更长、更复杂的动作时，用这些方法都很麻烦。下面要介绍的两个例子将用子函数来实现每个简单的动作，将复杂的运动存储在数组中，然后在程序执行过程中读出并解码，从而避免重复调用一长串子函数。这里要用到 C 语言的一种新的数据类型——数组。

前文只用到了 C 语言的基本数据类型之一——整型，以 int 作为类型说明符，另外一种基本数据类型是字符型，以 char 作为类型说明符。

表 3-1 字符与其对应的 ASCII 码值

字符	ASCII 码值
!	33
0	48
1	49
9	57
A	65
B	66
a	97
b	98

字符型数据

字符常量

字符常量是指用一对单引号括起来的一个字符，如'a'、'9'、'! '。字符常量中的单引号只起到定界作用，并不表示字符本身。单引号中的字符不能是单引号（'）和反斜杠（\），它们特有的表示法将在转义字符中介绍。

在 C 语言中，字符是按其所对应的 ASCII 码值来存储的，一个字符占一个字节，见表 3-1。

ASCII

ASCII 是美国标准信息交换码（American Standard Code for Information Interchange）的缩写，用来制定计算机中每个符号对应的代码，也称为计算机的内码（code）。

每个 ASCII 以 1 个字节（Byte）储存，从 0 到数字 127 代表不同的常用符号。例如，大写 A 的 ASCII 码值是 65，小写 a 的 ASCII 码值则是 97。这套内码加上了许多外文和表格等特殊符号，成为目前常用的内码。

注意字符'9'和数字 9 的区别，前者是字符常量，后者是整型常量，它们的含义和在计算机中的存储方式都截然不同。

由于 C 语言中字符常量是按整数存储的，所以字符常量可以像整数一样在程序中参与相关的运算，如：

```
'a'-32;            //执行结果为 97-32=65
'A'+32;            //执行结果为 65+32=97
'9'-9;             //执行结果为 57-9=48
```

转义字符

转义字符是一种特殊的字符常量，以反斜杠“\”开头，后跟一个或几个字符。转义字符具有特定的含义，不同于字符原有的意义，故称“转义”字符。例如，前面各例程中 printf 函数用到的“\n”就是一个转义字符，其含义是“回车换行”。

通常，使用转义字符表示用一般字符不便于表示的控制代码。例如，用于表示字符常量的单引号（'）、用于表示字符串常量的双引号（"）及反斜杠（\）等。

表 3-2 给出了 C 语言中常用的转义字符。

表3-2　C语言中常用的转义字符

转义字符	含　义	ASCII码值（十进制）
\b	退格（BS）	008
\n	换行（LF）	010
\t	水平制表（HF）	
\\	反斜杠	092
\'	单引号字符	039
\"	双引号字符	034
\0	空字符（NULL）	
\ddd	任意字符3位八进制	
\xhh	任意字符2位十六进制	

说明

广义地讲，C语言字符集中的任意一个字符均可用转义字符来表示。表3-2中的\ddd和\xhh正是为此而提出的。ddd和hh分别为八进制和十六进制的ASCII代码。例如，\101表示字母“A”，\102表示字母“B”，\134表示反斜线，\XOA表示换行等。

字符变量

字符变量用来存放字符常量，注意，只能存放一个字符。

字符变量的定义形式如下：

```
char c1,c2;
```

它表示c1和c2为字符变量，各放入一个字符。因此，可以用下面的语句对c1、c2赋值：

```
c1='a';c2='A';
```

数组

在程序设计中，为了处理方便，可以把具有相同类型的若干变量按有序的形式组织起来。这些按序排列的同类数据元素的集合称为数组。一个数组可以分解为多个数组元素，根据数组元素数据类型的不同，数组可以分为多种不同类型。数组又分为一维数组、二维数组甚至三维数组。本节只用到一维数组。一维数组的定义方式如下：

```
类型说明符 数组名[常量表达式];
```

类型说明符可以是任意一种基本数据类型；数组名是用户定义的数组标志符；方括号中的常量表达式表示数据元素的个数，也称为数组的长度。

数组定义完之后，还应该给数组赋值。给数组赋值的方法除了用赋值语句对数组元素逐个赋值，还可以采用初始化赋值。初始化赋值的一般形式为：

```
类型说明符 数组名[常量表达式]={值，值……值};
```

其中，在{ }中的各数据值即为各元素的初值，各值之间用逗号间隔。

例如，下面的语句定义了一个字符型数组，该数组有10个元素，对这10个元素进行了初始化。

```
char Navigation[10]={'F','L','F','F','R','B','L','B','B','Q'};
```

如何引用数组中的元素呢？

一维数组的引用

数组元素是组成数组的基本单元。数组元素也是一种变量，其标识方法为数组名后跟一个下标，下标表示元素在数组中的顺序号（从0开始计数）。数组元素的一般形式为：

```
数组名[下标]
```

其中，下标只能为整型常量或整型表达式。若为小数，则系统将自动取整。如：

```
Navigation[0]  （第1个字符：'F'）
Navigation[5]  （第6个字符：'B'）
```

字符串和字符串结束标志

字符串常量是指用一对双引号括起来的一串字符，如“China”“A”“333212-6589”等。双引号只起定界作用，用双引号括起的字符串中不能有双引号（"）和反斜杠（\），它们特有的表示法在转义字符中已介绍过。

在C语言中没有专门的字符串变量，通常用一个字符数组来存放一个字符串。在存储字符串常量时，系统自动在字符串的末尾加一个“串结束标志”，即ASCII码值为0的字符NULL，常用“\0”表示。因此，在程序中长度为 n 个字符的字符串常量在内存中占用 n+1个字节的存储空间。

C语言允许用字符串的方式对数组进行初始化赋值。例如，Navigation[10]的初始化赋值可写为：

```
char Navigation[10]={"FLFFRBLBBQ"};
```

或者去掉“{ }”，写为：

```
char Navigation[10]= "FLFFRBLBBQ";
```

字符与字符串的区别

要特别注意字符与字符串的区别，除了表示形式不同，其存储性质也不相同，字符'A'只占 1 个字节，而字符串"A"占 2 个字节。

下面的例程采用字符数组定义一系列复杂的运动。

例程： NavigationWithSwitch.c

输入、保存、编译、下载并运行程序 NavigationWithSwitch.c；

```
#include<BoeBot.h>
#include<uart.h>
void Forward(void)
{
    int i;
    for(i=1;i<=65;i++)
    {
        P1_1=1;
        delay_nus(1700);
        P1_1=0;
        P1_0=1;
        delay_nus(1300);
        P1_0=0;
        delay_nms(20);
    }
}
void Left_Turn(void)
{
    int i;
    for(i=1;i<=26;i++)
    {
        P1_1=1;
        delay_nus(1300);
        P1_1=0;
        P1_0=1;
        delay_nus(1300);
        P1_0=0;
        delay_nms(20);}
```

```
        }
}
void Right_Turn(void)
{
        int i;
        for(i=1;i<=26;i++)
        {
                P1_1=1;
                delay_nus(1700);
                P1_1=0;
                P1_0=1;
                delay_nus(1700);
                P1_0=0;
                delay_nms(20);
        }
}
void Backward(void)
{
        int i;
        for(i=1;i<=65;i++)
        {
                P1_1=1;
                delay_nus(1300);
                P1_1=0;
                P1_0=1;
                delay_nus(1700);
                P1_0=0;
                delay_nms(20);
        }
}
int main(void)
{
        char Navigation[10]={'F','L','F','F','R','B','L','B','B','Q'};
        int address=0;

        uart_Init();
        printf("Program Running!\n");

        while(Navigation[address]!='Q')
```

```
        {
            switch(Navigation[address])
            {
                case 'F':Forward();break;
                case 'L':Left_Turn();break;
                case 'R':Right_Turn();break;
                case 'B':Backward();break;
            }
            address++;
        }
        while(1);
    }
```

你的机器人是否走出了一个矩形？如果它走得更像一个梯形，则需要调节转动程序中 for 循环的循环次数，使其旋转角度精确到 90°。

NavigationWithSwitch.c 是如何工作的

在程序主函数中定义了一个字符数组，如下所示：

```
char Navigation[10]={'F','L','F','F','R','B','L','B','B','Q'};
```

这个数组中存储的是一些命令：F 表示向前运动，L 表示向左转，R 表示向右转，B 表示向后退，Q 表示程序结束。之后，定义了一个 int 型变量 address，用来作为访问数组的索引。接着是一个 while 循环，这个循环的条件表达式与前面的不同：只有当前访问的数组值不为 Q 时，才执行循环体内的语句。在循环体内，每次执行 switch 语句后，都要更新 address，从而使下次循环时执行新的运动。

switch 语句

switch 语句是一种多分支选择语句，其一般形式如下：

```
switch(表达式){
        case 常量表达式 1:  语句 1;break;
        case 常量表达式 2:  语句 2;break;
        …
        case 常量表达式 n:  语句 n;break;
        default:            语句 n+1;break;
        }
```

其语义是，计算表达式的值并逐个与其后的常量表达式值相比较，当表达式的值与某个常量表达式的值相等时，即执行其后的语句；如果表达式的值与所有 case 后的常量表达式的值均不相等，则执行 default 后的语句。

在本例程中，当 Navigation[address]为'F'时，执行向前运动的函数 Forward()；当 Navigation[address]为'L'时，执行向左转的函数 Left_Turn()；当 Navigation[address]为'R'时，执行向右转的函数 Right_Turn()；当 Navigation[address]为'B'时，执行向后运动的函数 Backward()。

- 你可以更改现有的数组和增加数组的长度来获取新的运动路线；
- 试着更改、增加或删除数组中的字符，重新运行程序，记住，数组中的最后一个字符应该是“Q”；
- 更改数组，使机器人进行熟悉的向前、向左、向右和向后一系列的运动。

例程：NavigationWithValues.c

在本例程中，将不再使用子函数，而是使用 3 个整型数组来存储控制机器人运动的 3 个变量，即循环的次数和控制左、右电机运动的两个参数，具体定义如下：

```
int Pulses_Count[5]={65,26,26,65,0};
int Pulses_Left[4]={1700,1300,1700,1300};
int Pulses_Right[4]={1300,1300,1700,1700};
```

int 型变量 address 作为访问数组的索引值，每次用 address 提取一组数据：Pulses_Count[address]，Pulses_Left[address]，Pulses_Right[address]，这些变量值被放在下面的代码段中，作为控制机器人运动一次的参数。

```
for(int counter=1;counter<=Pulses_Count[address];counter++)
{
    P1_1=1;
    delay_nus(Pulses_Left[address]);
    P1_1=0;
    P1_0=1;
    delay_nus(Pulses_Right[address]);
    P1_0=0;
    delay_nms(20);
}
```

address 加 1，再提取一组数据，作为机器人下次运动的参数。依次执行，直至 Pulses_Count[address]=0 时，机器人停止运动。具体程序如下：

```
#include<BoeBot.h>
#include<uart.h>
int main(void)
{
    int Pulses_Count[5]={65,26,26,65,0};
    int Pulses_Left[4]={1700,1300,1700,1300};
    int Pulses_Right[4]={1300,1300,1700,1700};
    int address=0;
    int counter;

    uart_Init();
    printf("Program Running!\n");

    while(Pulses_Count[address]!=0)
    {
        for(counter=1;counter<=Pulses_Count[address];counter++)
        {
            P1_1=1;
            delay_nus(Pulses_Left[address]);
            P1_1=0;
            P1_0=1;
            delay_nus(Pulses_Right[address]);
            P1_0=0;
            delay_nms(20);
        }
        address++;
  }
    while(1);
}
```

- 输入、保存并运行程序 NavigationWithValues.c；
- 你的机器人是否完成了我们所熟悉的向前、向左、向右、向后的运动呢？现在是不是有点厌烦了呢？你希望机器人做其他的动作或者创建新的程序吗？

该你了——设计你自己的程序

- 以一个新的文件名保存程序 NavigationWithValues.c；
- 用下面的代码代替 3 个数组：

```
int Pulses_Count[10]={ 60,80,100,110,110,110,100,80,60,0};
int Pulses_Left[10]={ 1700,1600,1570,1520,1500,1480,1430,1400,1300,1500};
int Pulses_Right[10]={ 1300,1400,1430,1480,1500,1520,1570,1600,1700,1500};
```

- 运行更改后的程序，观察机器人会做些什么；
- 输入、保存并运行程序，你的机器人是不是按你的想法运动呢？

工程素质和技能归纳

1. 归纳机器人的基本运动动作并给 C51 单片机编程实现这些基本动作。
2. 用牛顿力学和运动学知识分析机器人的运动行为。
3. 采用匀变速运动改善机器人的基本运动行为。
4. 用 C 语言的函数功能实现机器人的基本动作。
5. 分析机器人基本动作函数的实现特点，用一个函数定义机器人的所有行为。
6. 使用不同的数组来建立复杂的机器人运动。
7. 学会分支语句的使用方法。

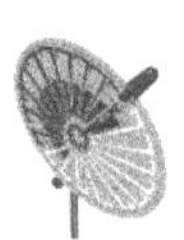

科学精神的培养

比较各种实现机器人基本动作程序的优缺点，分析后续程序的可扩展性。

第 4 讲　C51 接口与触觉导航

学习情境

给机器人增加触觉传感器，就是使用 C51 接口来获取触觉信息。实际上，任何一个自动化系统（不仅仅是机器人），都是通过传感器获取外界信息的，通过接口传入计算机或单片机，由计算机或单片机根据反馈信息进行计算和决策，生成控制命令，然后通过输出接口去控制系统相应的执行机构，完成系统所要完成的任务。因此，学习使用单片机的输入接口与学习使用输出接口同等重要。

简单的触觉实际上就是一个开关。既可以用开关接通表示接触到物体，也可以用开关断开表示接触到物体，这全看开关如何安装和定义。开关在日常生活和工业生产中的重要性不言而喻。本讲在机器人前端安装并测试一个被称为“胡须”的触觉开关，并对 C51 单片机编程来监视触觉开关的状态，根据开关状态决定机器人如何动作。最终的结果就是通过触觉实现机器人自动导航。

触觉导航与单片机输入接口

在第 2 讲中介绍了 C51 系列单片机有 4 个 8 位的并行 I/O 口：P0、P1、P2 和 P3。这 4 个接口既可以作为输入，也可以作为输出，既可按 8 位处理，也可按位方式使用。

实际上，当单片机启动或复位时，所有的 I/O 引脚默认为输入。也就是说，当将“胡须”连接到单片机某个 I/O 引脚时，该引脚会自动作为输入。作为输入，如果 I/O 引脚上的电压为 5V，则其相对应的 I/O 口寄存器中的相应位存储 1；如果电压为 0V，则存储 0。

布置恰当的电路，可以让“胡须”达到如下效果：当“胡须”没有被碰到时，使 I/O 引脚上的电压为 5V；当“胡须”被碰到时，使 I/O 引脚上的电压为 0V。然后，单片机就可以读入相应数据，进行分析、处理、控制机器人的运动。

任务 1　安装并测试机器人“胡须”

在编程让机器人通过触觉“胡须”导航之前，必须首先安装并测试“胡须”。如图 4-1 所示，安装机器人触觉“胡须”所需的硬件清单如下。

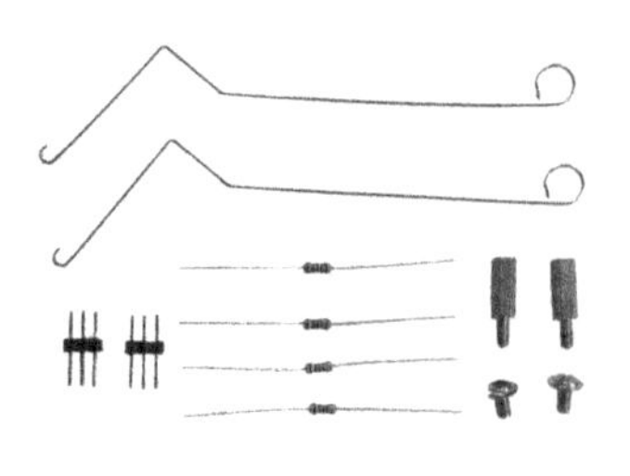
图 4-1　胡须硬件

（1）金属丝 2 根。
（2）平头 M3×22 螺钉 2 个。
（3）12mm 铜螺柱 2 个。
（4）M3 尼龙垫圈 2 个。
（5）3-pin 公-公接头 2 个。
（6）220Ω电阻 2 个。
（7）10kΩ电阻 2 个。

安装“胡须”

（1）拆掉连接主板到前支架的两颗螺钉。
（2）参考图 4-2，进行下面的操作。
（3）将 12mm 铜螺柱穿过主板上的圆孔，拧进主板下面的螺柱中，拧紧。
（4）将两个螺钉分别穿过 M3 尼龙垫圈拧进铜螺柱中。
（5）把须状金属丝的其中一个勾在尼龙垫圈之上，另一个勾在尼龙垫圈之下，调整它们的位置，使它们横向交叉但又不接触。
（6）拧紧螺钉到铜螺柱上。
（7）参考接线图 4-3，搭建胡须电路。

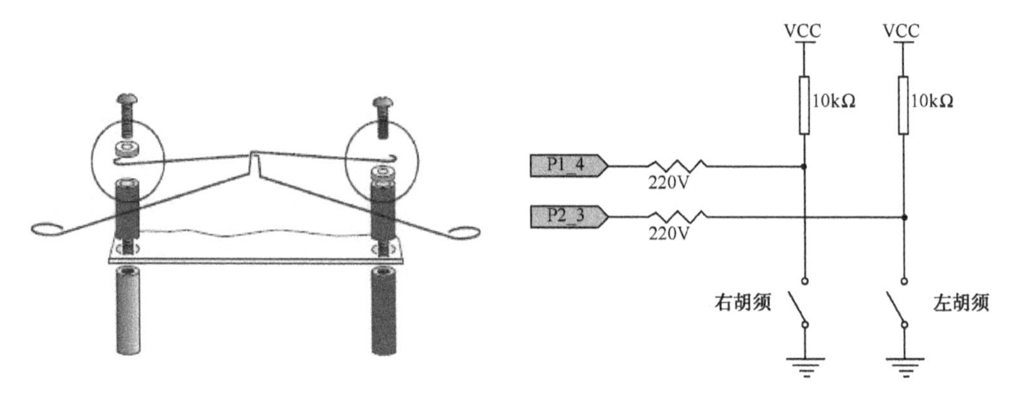

图 4-2　安装机器人“胡须”　　图 4-3　“胡须”电路

注意：右边“胡须”状态信息输入是通过 P1 口的第 4 引脚完成的，左边“胡须”状态信息输入是通过 P2 口的第 3 引脚完成的。

确定两条“胡须”比较靠近，但又不接触面包板上的 3-pin 头，推荐保持 3 mm 的距离。如图 4-4 所示是实际的参考接线图。安装好触觉“胡须”的机器人如图 4-5 所示。

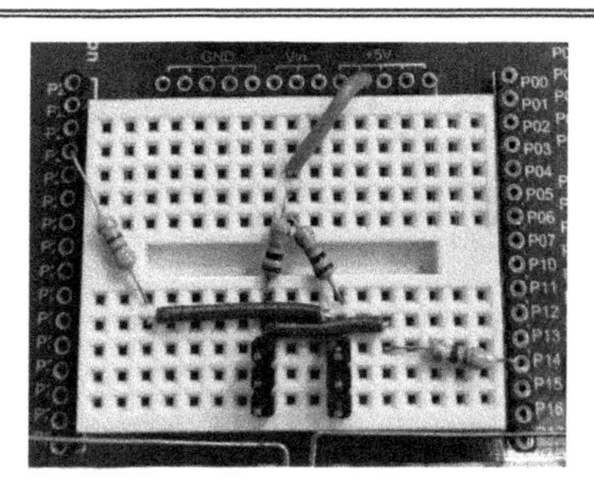

图 4-4　教学板上“胡须”接线图

图 4-5　安装好触觉“胡须”的机器人

测试“胡须”

观察如图 4-3 所示的“胡须”电路，显然每条“胡须”都是一个机械式的、接地常开的开关。“胡须”接地（GND）是因为教学板外围的镀金孔都连接到 GND。金属支架和螺钉给“胡须”提供电气连接。

通过编程让单片机探测什么时候“胡须”被触动。由图 4-3 可知，连接到每个“胡须”电路的 I/O 引脚监视着 10kΩ上拉电阻上的电压变化。当“胡须”没有被触动时，连接胡须的 I/O 引脚的电压是 5V；当胡须被触动时，I/O 短接到地，所以 I/O 引脚的电压是 0V。

上拉电阻

上拉电阻就是与电源相连并起到拉高电平作用的电阻。此电阻还起到限流的作用，如图 4-3 中的 10kΩ电阻即为上拉电阻。

其实，在第 2 讲单灯闪烁控制任务中就用到了上拉电阻，之所以要用上拉电阻是因为 AT89S52 的 I/O 口驱动能力不够强，不能使 LED 点亮。

与之对应的还有“下拉电阻”，它与“地（GND）”相连，可把电平拉至低位。

例程：TestWhiskers.c

```
#include<BoeBot.h>
#include<uart.h>
int P1_4state(void)                  //获取 P1_4 的状态
{
    return (P1&0x10)?1:0;
}
int P2_3state(void)                  //获取 P2_3 的状态
{
    return (P2&0x08)?1:0;
}
```

```
int main(void)
{
    uart_Init();
    printf("WHISKER STARTES\n");
    while(1)
    {
        printf("右边“胡须”的状态:%d ",P1_4state());
        printf("左边“胡须”的状态:%d\n",P2_3state());
        delay_nms(150);
    }
}
```

上面的例程用来测试“胡须”的功能是否正常。

首先，定义两个无参数有返回值子函数 int P1_4state(void)和 int P2_3state(void)来获取左、右两个“胡须”的状态。要理解这两个函数，就要学习新的 C 语言知识。

在前几讲的学习中，你已经知道 C 语言有三大运算符：算术、关系与逻辑、位操作，并且学习了算术运算符中的加、减、乘、除及自增、自减等。这里，你将学习运算符中的位操作符。

位操作符

位操作符用于对字节或字中的位（bit）进行测试、置位或移位处理，这里的字节或字是针对 C 语言标准的 char 和 int 数据类型而言的。位操作符不能用于实型、空类型或其他复杂类型。表 4-1 给出了位操作符及其对应含义。

表 4-1　位操作符及其对应含义

位操作符	含　义
&	与
|	或
^	异或
~	补
>>	右移
<<	左移

这里主要介绍与运算符“&”。

与运算符“&”的功能是参与运算的两数各对应的二进制位相与。只有对应的两个二进制位均为 1 时，结果位才为 1，否则为 0，如 9 和 5 的与运算：

```
 0000 1001     (9 的二进制数)
&0000 0101     (5 的二进制数)
=0000 0001     (结果为 1)
```

单片机 AT89S52 的 4 个端口 P0、P1、P2 和 P3 是可以按位来操作的，从低到高依次为第 0 口，第 1 口，…，第 7 口，书写分别为 PX.0，PX.1，…，PX.7（X 取 0～3）。

下面来看看 P1&0x10 与 P2&0x08 分别有什么含义。

P1	P1.7	P1.6	P1.5	P1.4	P1.3	P1.2	P1.1	P1.0
0x10	0	0	0	1	0	0	0	0

P2	P2.7	P2.6	P2.5	P2.4	P2.3	P2.2	P2.1	P2.0
0x08	0	0	0	0	1	0	0	0

这样一来，P1&0x10 和 P2&0x08 分别提取了 P1.4 和 P2.3 的值，屏蔽掉了其他位。

注意：上面提到的 P0、P1、P2 和 P3 端口，指的并不是物理上的接口，而是这 4 个端口对应的特殊功能寄存器 P0、P1、P2 和 P3，在应用时直接使用这些符号就代表这些特殊功能寄存器。所谓特殊功能寄存器（SFR）也称为专用寄存器，专门用来控制和管理单片机内的算术逻辑部件、并行 I/O 口等片内资源。在使用时可以给其设定值，例如，前面利用 P1 口控制伺服电机，也可以直接利用这些寄存器进行运算。

if 语句

在第 3 讲中学习的 switch 语句是选择控制语句中的一种，还有一种语句是 if 语句，它根据给定的条件进行判断，以决定执行某个分支程序段。if 语句的使用形式之一为：

```
if(表达式)
    语句 1;
else
    语句 2;
```

其语义是：如果表达式的值为真，则执行语句 1，否则执行语句 2。

? 操作符

C 语言提供了一个可以代替某些“if-else”语句的简便易用的操作符“?”。该操作符是三元的，其一般形式为：

```
表达式 1? 表达式 2: 表达式 3
```

它的执行过程是：先求解表达式 1，如果为真（非 0），则求解表达式 2，并把表达式 2 的结果作为整个条件表达式的值；如果表达式 1 的值为假（0），则求解表达式 3，并把表达式 3 的值作为整个条件表达式的值。

(P1&0x10)?1:0 的意思就是先将 P1 寄存器的内容同 0x10 按位进行“与”运算，如果结果非 0，则整个表达式的取值就为 1；如果结果为 0，则整个表达式的值为 0。实际上，整个语句为：

```
return  (P1&0x10)?1:0;
```

它相当于如下条件判断语句：

```
if (P1&0x10)
    return 1;
else
    return 0;
```

在弄清楚整个程序的执行原理后，按照下面的步骤执行程序，对触觉“胡须”进行测试。

（1）接通教学板和伺服电机的电源。

（2）输入、保存并运行程序 TestWhiskers.c。

（3）这个例程要用到调试终端，所以当程序运行时要确保串口电缆已连接好。

（4）检查图 4-3 所示电路，弄清楚哪条“胡须”是左边“胡须”，哪条“胡须”是右边“胡须”。

（5）注意调试终端的显示值，此时显示为“右边胡须的状态:1 左边胡须的状态:1”，如图 4-6 所示。

图 4-6　左、右两边“胡须”均未被碰到

（6）把右边“胡须”接到 3-pin 转接头上，注意显示为“右边胡须的状态:0 左边胡须的状态:1”，如图 4-7 所示。

（7）把左边“胡须”接到 3-pin 转接头上，注意显示为“右边胡须的状态:1 左边胡须的状态:0”，如图 4-8 所示。

（8）同时把两根“胡须”接到各自的 3-pin 转接头上，显示为“右边胡须的状态:0 左边胡须的状态:0”，如图 4-9 所示。

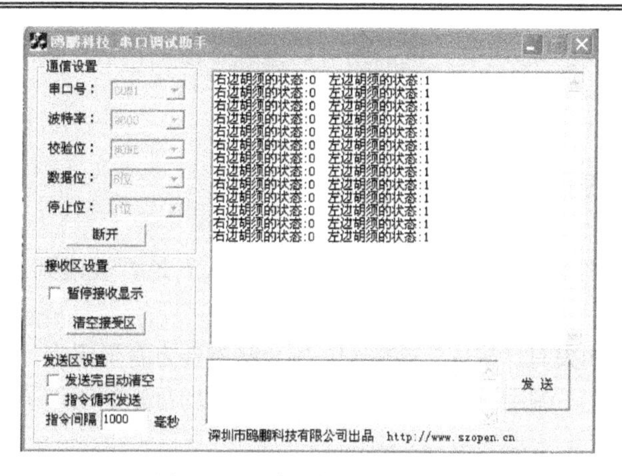

图 4-7　右边“胡须”被碰到

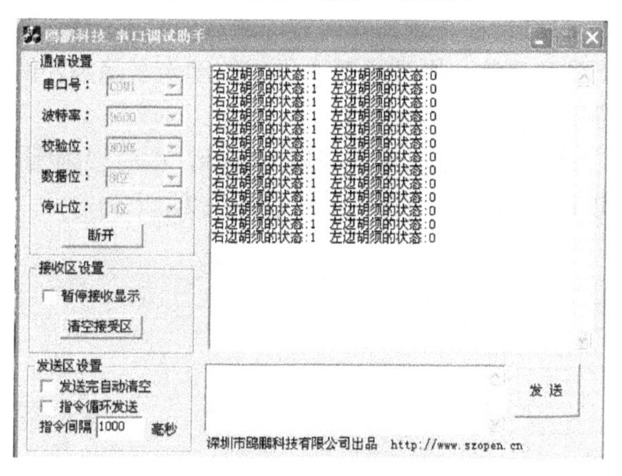

图 4-8　左边“胡须”被碰到

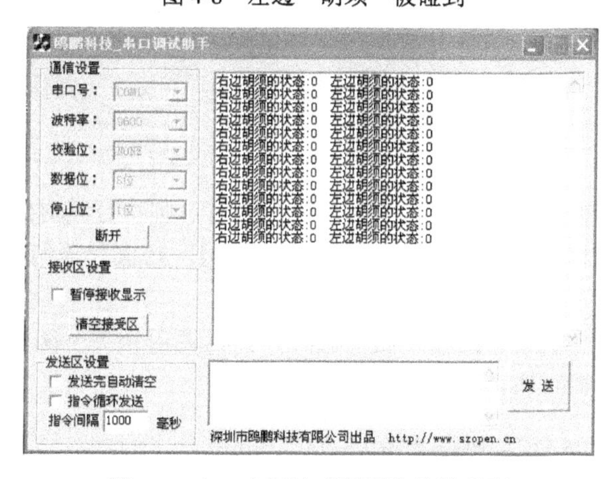

图 4-9　左、右两边“胡须”均被碰到

（9）如果两根“胡须”都通过测试，则可以继续下面的内容；否则检查程序或电路中存在的错误，及时改正。

任务2　通过“胡须”导航

在任务1中，你已经学会如何通过编程检测“胡须”是否被碰到。本任务将利用这些信息对机器人进行导航。

机器人在行走时，如果有“胡须”被碰到，则意味着前方有障碍物。导航程序需要接收这些输入信息，判断它的意义，调用一系列使机器人朝不同方向行走的动作子函数以避开障碍物。

编程使机器人基于“胡须”导航

下面的程序让机器人向前走直到碰到障碍物，然后用它的一根或者两根“胡须”探测障碍物。一旦“胡须”探测到障碍物，则调用第3讲中的动作子函数，使机器人倒退或者旋转，然后重新向前行走，直到遇到另一个障碍物。

为了实现这些功能，需要编程让机器人来做出选择，此时要用到if语句的另一种形式，即if-else-if形式，它可以进行多分支选择，其一般形式为：

```
if(表达式1)
    语句1;
else if(表达式2)
    语句2;
else if(表达式3)
    语句3;
…
else if(表达式n-1)
    语句n-1;
else
    语句n;
```

其语义是：依次判断表达式的值，当某个值为真时，则执行其对应的语句，然后跳到整个if语句之外继续执行程序；如果所有的表达式均为假，则执行语句n，然后继续执行后续程序。

下面的代码段基于“胡须”的输入做出选择，然后调用相关子函数使机器人采取行动，子函数同在第3讲里用到的基本一样。

```
if((P1_4state()==0)&&(P2_3state()==0))
                                        //*两根“胡须”同时检测到障碍物时，后退，再向左转180°
```

```
    {
        Back_Up();
        Turn_Left();
        Turn_Left();
    }
    else if(P1_4state()==0)              //右边“胡须”检测到障碍物时，后退，再向左转 90°
    {
        Back_Up();
        Left_Turn();
    }
    else if(P2_3state()==0)              //左边“胡须”检测到障碍物时，后退，再向右转 90°
    {
        Back_Up();
        Right_Turn ();
    }
    else                                 //没有“胡须”检测到障碍物时，向前走
        Forward();
```

关系与逻辑运算符

“关系”二字指的是一个值与另一个值之间的关系；“逻辑”二字指的是连接关系的方式。因为关系和逻辑运算符常在一起使用，所以将它们放在一起讨论。

关系与逻辑运算符概念中的关键是 True（真）和 Flase（假）。

C 语言中，非 0 为 True；0 为 Flase。使用关系与逻辑运算符的表达式对 Flase 和 True 分别返回 0 和 1。表 4-2 给出了常用的关系与逻辑运算符。

表 4-2　关系与逻辑运算符

关系与逻辑运算符	含　义
>	大于
>=	大于等于
<	小于
<=	小于等于
==	等于
!=	不等于
&&	与
||	或
!	非

关系运算实际上是比较运算：将两个值进行比较，判断比较的结果是否符合给定的条件。例如，“a>4”是一个关系表达式，大于号（>）是一个关系运算符。如果 a 的值为 6，则满足给定的“a>4”的条件，因此关系表达式的值为“真”；如果 a 的值为 2，则不满足“a>4”的条件，因此关系表达式的值为“假”。

“P1_4state()==0;”的含义是：首先调用右边“胡须”状态检测函数 P1_4state()，将其返回值与 0 进行比较，如果返回值为 0，则关系表达式为“真”，否则为“假”。

同样地，“P2_3state()==0;”的含义是：首先调用左边“胡须”状态检测函数 P2_3state()，将其返回值与 0 进行比较，如果返回值为 0，则关系表达式为“真”，否则为“假”。

赋值运算符“=”与关系运算符“==”

注意赋值运算符“=”与关系运算符“==”的区别：赋值运算符“=”用来给变量赋值；关系运算符“==”用来判断两个值是否是相等的关系。

“&&”逻辑“与”运算符，相当于BASIC语言中的AND运算符。回顾一下逻辑与的运算规则：

A&&B　　若A、B为真，则A&&B为真。

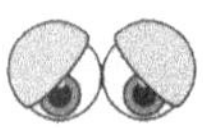注意：区分位操作符“&”和逻辑运算符“&&”。

在if((P1_4state()==0)&&(P2_3state()==0))中，将两个比较关系表达式用括号括起来，表示先进行比较运算，再将两个运算结果进行逻辑与运算。因此，该语句的工作原理是：只有当两根“胡须”都被碰到时，该if语句的条件才为“真”，然后才执行紧接它后面的大括号中的语句，否则跳到后面的else if语句。

两个else if语句中都只有一个关系表达式，当比较关系为真时，直接执行紧接其后的花括号中的内容；如果两个else if语句都为“假”，则跳到后面的else语句，直接执行其后的语句（或者花括号中的内容，因为这里只有一条语句，所以省略了花括号）。

例程：RoamingWithWhiskers.c

这个程序示范了一种利用if语句测试“胡须”的输入并决定调用哪个运动子程序的方法。

- 打开主板和伺服电机的电源；
- 输入、保存并运行程序RoamingWithWhiskers.c；
- 尝试让机器人行走，当机器人在其路线上遇到障碍物时，它将后退、旋转至另一个方向。

```
#include<BoeBot.h>
#include<uart.h>
int P1_4state(void)
{
    return (P1&0x10)?1:0;
}
int P2_3state(void)
{
    return (P2&0x08)?1:0;
}
void Forward(void)
{
```

```
        P1_1=1;
        delay_nus(1700);
        P1_1=0;
        P1_0=1;
        delay_nus(1300);
        P1_0=0;
        delay_nms(20);
}
void Left_Turn(void)
{
        int i;
        for(i=1;i<=26;i++)
        {
                P1_1=1;
                delay_nus(1300);
                P1_1=0;
                P1_0=1;
                delay_nus(1300);
                P1_0=0;
                delay_nms(20);
        }
}
void Right_Turn(void)
{
        int i;
        for(i=1;i<=26;i++)
        {
                P1_1=1;
                delay_nus(1700);
                P1_1=0;
                P1_0=1;
                delay_nus(1700);
                P1_0=0;
                delay_nms(20);
        }
}
void Backward(void)
{
        int i;
```

```
        for(i=1;i<=65;i++)
        {
            P1_1=1;
            delay_nus(1300);
            P1_1=0;
            P1_0=1;
            delay_nus(1700);
            P1_0=0;
            delay_nms(20);
        }
    }
    int main(void)
    {
        uart_Init();
        printf("Program Running!\n");

        while(1)
        {
            if((P1_4state()==0)&&(P2_3state()==0))          //两根“胡须”同时被碰到
            {
                Backward();                                 //向后
                Left_Turn();                                //向左
                Left_Turn();                                //向左
            }
            else if(P1_4state()==0)                         //右边“胡须”被碰到
            {
                Backward();                                 //向后
                Left_Turn();                                //向左
            }
            else if(P2_3state()==0)                         //左边“胡须”被碰到
            {
                Backward();                                 //向后
                Right_Turn();                               //向右
            }
            else                                            //“胡须”没有被碰到
                Forward();                                  //向前
        }
    }
```

“胡须”导航机器人怎样行走

主程序中的语句首先检测“胡须”的状态。如果两根“胡须”都被触动了，即 P1_4state() 和 P2_3state()都为 0，则先调用 Backward()，紧接着调用 Left_Turn ()两次；如果只是右边“胡须”被触动了，即只有 P1_4state()==0，则程序先调用 Backward()，再调用 Left_Turn()；如果左边“胡须”被触动了，即只有 P2_3state()==0，则程序先调用 Backward()，再调用 Right _Turn()；如果两根“胡须”都没有被触动，在这种情况下，在 else 中调用 Forward()。

函数 Left_Turn()，Right_Turn()及 Backward()看起来应该相当熟悉，但是函数 Forward() 有一个变动，它只发送一个脉冲，然后返回。这一点相当重要，因为机器人在向前行走的过程中可以在每两个脉冲之间检测“胡须”的状态。这就意味着，机器人在向前行走的过程中，每秒检测“胡须”状态大概 43 次（1000ms/23ms≈43）。

因为每个全速前进的脉冲都使机器人前进大约半厘米，只发送一个脉冲，然后去检测“胡须”的状态是一个好主意。程序每次从 Forward()返回后，都再次从 while 循环的开始处执行，此时 if…else 语句会再次检查“胡须”的状态。

该你了

- 调整 Left_Turn()和 Right_Turn()中 for 循环的循环次数，增大或减小机器人的转角；
- 在空间比较狭小的地方，调整 Backward()中 for 循环的循环次数，减少机器人后退的距离。

任务 3　机器人进入死区后的人工智能决策

当机器人进入墙角时，可能会碰到这样的情况：首先左边“胡须”触墙，于是它倒退，右转，再向前行走，这时右边“胡须”触墙，于是再倒退，左转，前进，又碰到左墙，再次倒退并右转，前进，又碰到右墙……此时，机器人就会一直困在墙角里而出不来。

编程逃离墙角死区

你可以修改 RoamingWithWhiskers.c，使机器人在碰到上述问题时可以逃离死区。技巧是记下“胡须”交替触动的总次数。技巧的关键是程序必须记住每个“胡须”的前一次触动状态，并和当前触动状态对比。如果状态相反，就在交替总数上加 1。如果这个交替总数超过了程序中预先给定的阈值，那么就令机器人做一个“U”形转弯，并且把“胡须”交替触动计数器复位。

这个编程技巧的实现依赖于 if…else 嵌套语句。换句话说，程序检查一种条件，如果该条件成立（条件为真），则再检查包含于这个条件之内的另一个条件。下面用伪代码说明嵌套语句的用法。

```
if (condition1)
{
    commands for condition1
    if(condition2)
    {
        commands for both condition2 and condition1
    }
    else
    {
        commands for condition1 but not condition2
    }
}
else
{
    commands for not condition1
}
```

伪代码通常用来描述不依赖于计算机语言的算法。实际上在前面几讲的任务和小结中，已经多次提醒和暗示你，无论哪种计算机语言，都必须能够描述人类知识的逻辑结构。而人类知识的逻辑结构是统一的，例如，条件判断就是人类知识最核心的逻辑之一。因此，各种计算机语言都有语法和关键词来实现条件判别。在写条件判断算法时，经常用一种用于描述人类知识结构逻辑的伪代码来描述在计算机中如何实现这些逻辑算法，以使算法具有通用性。有了伪代码，用具体的语言来实现算法就很简单了。

下面是一个包含 if…else 嵌套语句的 C 语言例程，用于探测连续的、交替出现的胡须触动过程。

例程：EscapingCorners.c

这个程序使机器人在第 4 次或第 5 次交替探测到墙角后，完成一个“U”形的拐弯，次数依赖于哪一根胡须先被触动。

- 输入、保存并运行程序 EscapingCorners.c；
- 在机器人行走时，轮流触动它的“胡须”，测试该程序。

```
#include<BoeBot.h>
#include<uart.h>
int P1_4state(void)
```

```
{
    return (P1&0x10)?1:0;
}
int P2_3state(void)
{
    return (P2&0x08)?1:0;
}
void Forward(void)
{
    P1_1=1;
    delay_nus(1700);
    P1_1=0;
    P1_0=1;
    delay_nus(1300);
    P1_0=0;
    delay_nms(20);
}
void Left_Turn(void)
{
    int i;
    for(i=1;i<=26;i++)
    {
        P1_1=1;
        delay_nus(1300);
        P1_1=0;
        P1_0=1;
        delay_nus(1300);
        P1_0=0;
        delay_nms(20);
    }
}
void Right_Turn(void)
{
    int i;
    for(i=1;i<=26;i++)
    {
        P1_1=1;
        delay_nus(1700);
        P1_1=0;
```

```
            P1_0=1;
            delay_nus(1700);
            P1_0=0;
            delay_nms(20);
        }
}
void Backward(void)
{
        int i;
        for(i=1;i<=65;i++)
        {
            P1_1=1;
            delay_nus(1300);
            P1_1=0;
            P1_0=1;
            delay_nus(1700);
            P1_0=0;
            delay_nms(20);
        }
}
int main(void)
{
        int counter=1;                                          //“胡须”碰撞总次数
        int old2=1;                                             //右边“胡须”旧状态
        int old3=0;                                             //左边“胡须”旧状态

        uart_Init();
        printf("Program Running!\n");

        while(1)
        {
            if(P1_4state()!=P2_3state())
            {
                if((old2!=P1_4state())&&(old3!=P2_3state()))
                {
                    counter=counter+1;
                    old2=P1_4state();
                    old3=P2_3state();
                    if(counter>4)
```

```
                {
                    counter=1;
                    Backward();                          //向后
                    Left_Turn();                         //向左
                    Left_Turn();                         //向左
                }
            }
            else
                counter=1;
        }
        if((P1_4state()==0)&&(P2_3state()==0))
        {
            Backward();                                  //向后
            Left_Turn();                                 //向左
            Left_Turn();                                 //向左
        }
        else if(P1_4state()==0)
        {
            Backward();                                  //向后
            Left_Turn();                                 //向左
        }
        else if(P2_3state()==0)
        {
            Backward();                                  //向后
            Right_Turn();                                //向右
        }
        else
            Forward();                                   //向前
    }
}
```

EscapingCorners.c 是如何工作的

由于该程序是经 RoamingWithWhiskers.c 修改而来的，下面只讨论与探测和逃离墙角相关的新特征。

```
int counter=1;
int old2=1;
int old3=0;
```

3 个特别的变量用于探测墙角。int 型变量 counter 用来存储交替探测的次数。例程中，设定的交替探测的最大值为 4。int 型变量 old2、old3 用于存储“胡须”旧的状态值。

程序为 counter 赋初值 1，当机器人卡在墙角，此值累计到 4 时，counter 复位为 1。old2 和 old3 必须被赋值，以至于看起来两根“胡须”的其中一根在程序开始之前就被触动了。这些工作之所以必须做，是因为探测墙角的程序总是对比交替触动的部分，或者 P1_4state()==0，或者 P2_3state()==0。与之对应，old2 和 old3 的值也相互不同。

现在来分析探测连续而交替触动墙角的程序段。

首先要检查的是，是否有且只有一根“胡须”被触动。简单的方法就是询问“是否 P1_4state() 不等于 P2_3state()”，其具体判断语句如下：

```
if(P1_4state()!=P2_3state())
```

假如有“胡须”被触动，接下来要做的事情就是检查当前状态是否与上次不同。换句话说，是“old2 不等于 P1_4state()和 old3 不等于 P2_3state()吗？”如果是，就在“胡须”交替触动计数器上加 1，同时记下当前的状态，设置 old2 等于当前的 P1_4state()，old3 等于当前的 P2_3state()。

```
if((old2!=P1_4state())&&(old3!=P2_3state()))
{
    counter=counter+1;
    old2=P1_4state();
    old3=P2_3state();
}
```

如果发现“胡须”连续 4 次被触动，那么计数器值置 1，并且进行“U”形拐弯。

```
if(counter>4)
{
    counter=1;
    Backward();
    Left_Turn();
    Left_Turn();
}
```

紧接着的 else 语句对应机器人没有陷入墙角的情况，故将计数器值置 1。之后的程序和 Roaming With Whiskers.c 中的一样。

- 尝试增大变量 counter 的数值为 5 和 6，观察机器人的运动行为；

● 尝试减小变量 counter 的数值，观察机器人的运动行为与之前相比是否有所不同。

工程素质和技能归纳

1．学习接触型传感器作为输入反馈与 C51 单片机的编程实现方法。

2．学习 C51 单片机并行 I/O 口的特殊功能寄存器的概念和使用方法。

3．学习 C 语言中条件判断语句的使用方法。

4．学习 C 语言中各种运算符的使用方法，包括位运算符、关系运算符、逻辑运算符及？操作符等。

5．掌握机器人触觉导航策略的实现方法。

6．学会条件判断语句的嵌套与机器人的人工智能决策等。

科学精神的培养

1．请思考 C51 单片机的并行 I/O 口为何不可以直接进行输入和输出操作。

2．除了本讲用到的&，还有哪几种位运算符？请查找相关资料，将这些位运算符找出来，并进行小结。

3．除了本讲用到的等于运算符“==”，C 语言中还有哪些关系运算符？查找相关资料。

4．除了与运算符“&&”，C 语言中还有哪几种逻辑运算符？

第5讲　C51接口与红外线导航

学习情境

基于“瞎子摸象”的触觉传感器是机器人在运动过程中避免碰撞的最后一道保护。为了让机器人能够像人一样在碰到障碍物之前就能发现并避开它，需要用到非接触式传感器，如视觉摄像头。在小型的机器人制作中，采用视觉摄像头显然是一个比较复杂且成本昂贵的选择。有没有更简单、更经济的办法呢？当然有。现在许多遥控装置和 PDA 都使用频率低于可见光的红外线（Infrared Radiation，IR）进行通信，而机器人则可以使用这种红外线进行导航。本讲就使用这些价格非常便宜且应用广泛的部件，让机器人的 C51 单片机可以收发红外线信号，从而实现机器人的红外线导航。

使用红外线发射和接收器件探测道路

第 4 讲中的“胡须”接触导航是依靠接触变形来探测物体的，而在许多情况下，我们希望不必接触物体就能探测到物体。许多机器人使用雷达或者声呐来探测物体而不需要同物体接触。本讲的方法是使用红外线来照射机器人前进的路线，然后确定何时有光线从被探测目标反射回来，通过检测反射回来的红外线就可以确定前方是否有物体。随着红外遥控技术的发展，现在红外线发射器和接收器已经很普及并且价格很便宜。这对于机器人爱好者而言是一个好消息，不过使用的方法还要花时间来学习和掌握。

红外前灯

在机器人上建立的红外探测系统，在许多方面就像汽车的前灯系统。当汽车前灯射出的光从障碍物反射回来时，人的眼睛就发现了障碍物，然后大脑处理这些信息，并据此控制身体动作驾驶汽车。机器人使用红外二极管 LED 作为前灯，如图 5-1 所示。

红外二极管发射红外线，如果机器人前面有障碍物，则红外线从物体反射回来，相当于机器人眼睛的红外检测器检测到反射回来的红外线，并发出信号来表明检测到从物体反射回红外线。机器人的大脑——单片机 AT89S52，基于这个传感器的输入控制伺服电机。

红外检测器有内置的光滤波器，除了 980nm 波长的红外线，它几乎不允许其他光通过。红外检测器还有一个电子滤波器，它只允许频率为 38.5kHz 的电信号通过。换句话说，红外

检测器只寻找每秒闪烁 38 500 次的红外光。这就防止了普通光源如太阳光和室内光对红外线的干涉。太阳光（0Hz）是直流干涉源，而室内光依赖于所在区域的主电源，闪烁频率接近 120Hz，由于 120Hz 在电子滤波器的 38.5kHz 通带频率之外，它完全被红外检测器忽略。

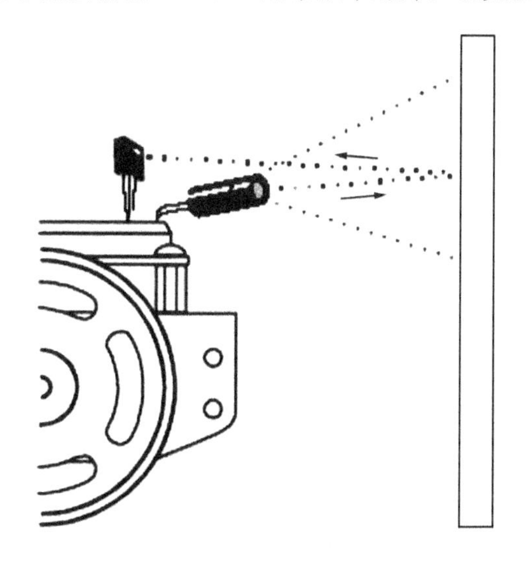

图 5-1　用红外线探测障碍物

任务 1　搭建并测试红外发射和检测器对

本任务中，我们将搭建并测试红外发射和检测器对，需要用到的新元件如图 5-2 所示。

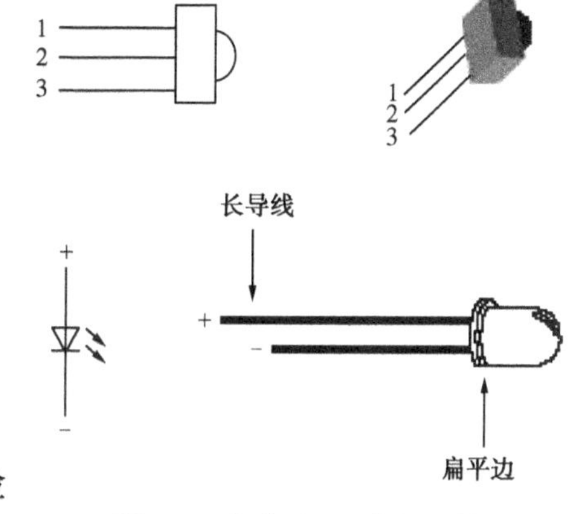

图 5-2　本讲要用到的新元件

元件清单

（1）红外检测器，2 个。
（2）红外 LED（带套筒），2 个。
（3）470Ω 电阻，2 个。
（4）连接线，若干。

搭建红外前灯

在电路板的每个角上安装一个 IR 组（红外 LED 和检测器）。

- 断开主板和伺服系统的电源；
- 搭建如图 5-3 所示的电路，左、右 IR 组实际连接如图 5-4 所示。

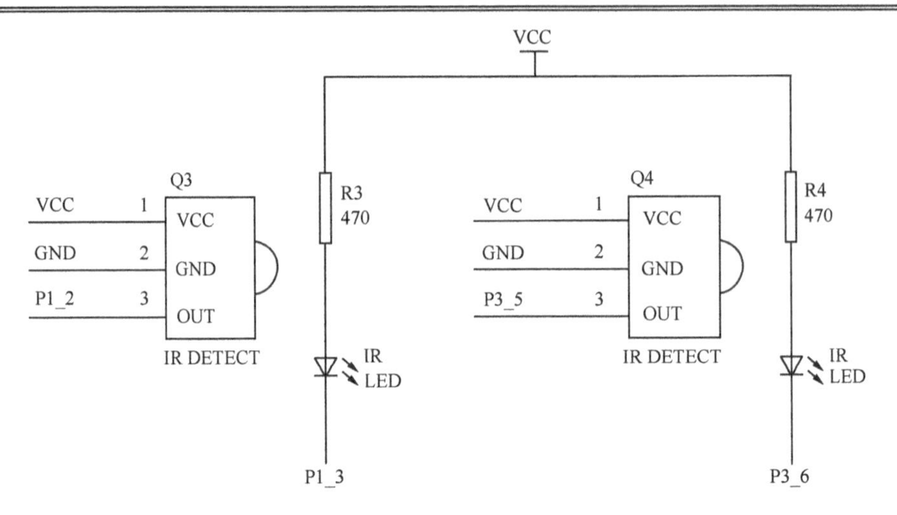

图 5-3　左侧和右侧 IR 组电路图

图 5-4　左、右 IR 组实际连接

测试红外发射和检测器对

下面要用 P1_3 发送持续时间为 1ms 的 38.5kHz 的红外光，如果红外光被机器人路径上的物体反射回来，红外检测器将给微控制器发送一个信号，让它知道已经检测到反射回的红外光。

让每个 IR 组工作的关键是发送 1ms 频率为 38.5 kHz 的红外信号，然后立刻将红外检测器的输出存储到一个变量中。

下面是一个例子，它发送 38.5kHz 信号给连接到 P1_3 的红外 LED，然后用整型变量 irDetectLeft 存储连接到 P1_2 的 IR 检测器的输出。

```
for(counter=0;counter<38;counter++)
    {
      P1_3=1;
      delay_nus(13);
      P1_3=0;
      delay_nus(13);
      }
irDetectLeft=P1_2state();
```

上述代码给 P1_3 输出信号：高电平持续时间为 13μs，低电平持续时间为 13μs，总周期为 26μs，即频率约为 38.5kHz。总共输出 38 个周期的信号，即持续时间约为 1ms（38×26μs≈1000μs）。

当没有红外信号返回时，红外检测器的输出状态为高电平。当它检测到被物体反射回的 38.5kHz 红外信号时，它的输出为低电平。因红外信号发送的持续时间为 1ms，故红外检测器的输出如果处于低电平，其持续状态也不会超过 1ms，所以发送完信号后必须立即将红外检测器的输出存储到变量中。这些存储的值会显示在调试终端或被机器人用来导航。

例程：TestLeftIrPair.c

- 打开教学板的电源；
- 输入、保存并运行程序 TestLeftIrPair.c。

```
#include<BoeBot.h>
#include<uart.h>
int P1_2state(void)
{
    return (P1&0x04)?1:0;
}
int main(void)
{
    int counter;
    int irDetectLeft;
    uart_Init();
    printf("Program Running!\n");
```

```
    while(1)
        {
            for(counter=0;counter<38;counter++)
            {
                P1_3=1;
                delay_nus(13);
                P1_3=0;
                delay_nus(13);
            }
            irDetectLeft=P1_2state();
            printf("irDetectLeft=%d\n",irDetectLeft);
            delay_nms(100);
        }
}
```

- 保持机器人与串口电缆的连接，因为你要用调试终端来测试 IR 组；
- 在距离左侧 IR 组 2～3cm 处放一个物体，如手或一张纸，如图 5-1 所示；
- 观察当你放一个物体在 IR 组前时，调试终端是否会显示“irDetecfLeft=0”；当你将物体移开时，它是否显示“irDetectLeft=1”，如图 5-5 所示。

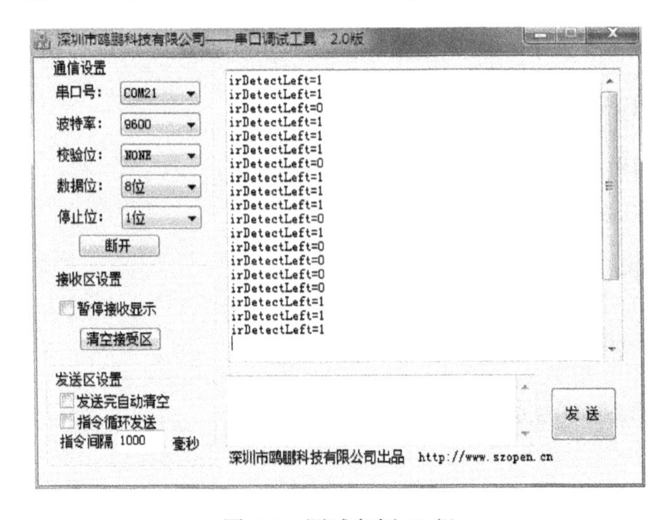

图 5-5　测试左侧 IR 组

- 如果调试终端显示的是预期的值，即没发现物体时显示 1，发现物体时显示 0，则转到本例程后的“该你了”部分；
- 如果调试终端显示的不是预期的值，则按照排错部分里的步骤进行排错。

排错

- 如果调试终端显示的不是预期的值，则检查电路连接和输入的程序是否正确，如发现接错或录入出错，应及时更正；
- 如果调试终端总是显示 0，甚至当没有物体在机器人前面时也显示 0，则可能是附近的物体反射了红外线。机器人前面的桌面是常见的反射源。调整 IR 组的角度，使其不会受桌面等物体的影响。
- 如果机器人前面没有物体，而调试终端绝大多数时间显示 1，但偶尔显示 0，则可能是由附近荧光灯的干扰造成的。关掉附近的荧光灯，重新测试。

函数延时的不精确性

如果你身边有数字示波器，可以检测一下 P1_3 口产生的方波频率，你会发现，它的频率并不是 38.5kHz，而是比 38.5kHz 略低。为什么会这样呢？这是因为在上面的例程中除了延时函数本身会严格产生 13μs 的延时，延时函数的调用过程也会产生延时，因此实际产生的延时会比 13μs 更长。在进行函数调用时，CPU 会先进行一系列的操作，这些操作是需要时间的，至少有几微秒，而程序所要求的延时也是微秒级，这就造成了延时的不精确性。如何处理呢？有没有更精确的方法呢？下面介绍一种常用的延时方法，它在实际工程中使用非常广泛。

如果你把 Keil μVision IDE 安装在了 C 盘，那么可以在 C:\Program Files\Keil\C51\INC 目录下发现头文件“INTRINS.H”，在这个头文件里声明了空函数_nop_(void)，它能延时 1μs。这是在单片机工作于 12MHz 晶振下计算的，AT89S52 单片机一个时钟周期（晶振频率的倒数）为

$$T=(1/12)\times10^{-6}\text{s}$$

而单片机的操作是用机器周期来计算的，一个机器周期为 12 个时钟周期，因此

$$t=12\times T=1\times10^{-6}\text{s}=1\mu\text{s}$$

由于教学板的晶振选用 11.0592MHz，故它能产生的延时时间是 1.08μs，比 1μs 有稍许误差。

还有很多方法可以实现延时，如使用中断。

该你了

- 将程序 TestLeftIrPair.c 另存为 TestRightIrPair.c；
- 采用刚刚讨论过的方法产生约 12μs 的延时，用新的程序代码替代延时函数 delay_

nus(13)；

- 将变量名 irDetectLeft 改为 irDetectRight；
- 将函数名 P1_2state 改为 P3_5state，并将函数体中的 0x04 改为 0x20；
- 将红外 LED 连接到 P3_6 口，将红外检测器连接到 P3_5 口，重复本任务前面的测试步骤。

任务 2 探测和避开障碍物

红外检测的输出与“胡须”检测的输出非常相似，即当没有检测到物体时，输出为高电平；当检测到物体时，输出为低电平。本任务将更改程序 RoamingWithWhiskers.c，使它适用于红外线导航。

本任务将使用 AT89S52 的 4 个引脚：P1_2、P1_3、P3_5 和 P3_6。在学习的过程中，你是不是经常会问自己“这个引脚是干什么的，那个引脚是干什么的”？下面介绍一个方法，它可以很好地解决这个问题。

```
#define LeftIR          P1_2    //左边红外接收连接到 P1_2
#define RightIR         P3_5    //右边红外接收连接到 P3_5
#define LeftLaunch      P1_3    //左边红外发射连接到 P1_3
#define RightLaunch     P3_6    //右边红外发射连接到 P3_6
```

这里用到了指令：#define，它可以声明标识符常量。往后，你就可以用 LeftIR 代替 P1_2，用 RightIR 代替 P3_5 等。

改变“胡须”程序，使它适用于 IR 检测和机器人躲避

在 RoamingWithWhiskers.c 程序基础上，新增两个变量来存储红外检测器的状态。

```
int irDetectLeft
int irDetectRight
```

设计一个函数 void IRLaunch(unsigned char IR)来进行红外线发射。

```
void IRLaunch(unsigned char IR)
{
      int counter;
      if(IR=='L')
      for(counter=0;counter<38;counter++)          //左边发射
      {
            LeftLaunch=1;
```

```
                _nop_(); _nop_(); _nop_(); _nop_(); _nop_(); _nop_();
                _nop_(); _nop_(); _nop_(); _nop_(); _nop_(); _nop_();
                LeftLaunch=0;
                _nop_(); _nop_(); _nop_(); _nop_(); _nop_(); _nop_();
                _nop_(); _nop_(); _nop_(); _nop_(); _nop_(); _nop_();
        }
    if(IR=='R')
        for(counter=0;counter<38;counter++)            //右边发射
        {
               RightLaunch=1;
                _nop_(); _nop_(); _nop_(); _nop_(); _nop_(); _nop_();
                _nop_(); _nop_(); _nop_(); _nop_(); _nop_(); _nop_();
               RightLaunch=0;
               _nop_(); _nop_(); _nop_(); _nop_(); _nop_(); _nop_();
               _nop_(); _nop_(); _nop_(); _nop_(); _nop_(); _nop_();
        }
}
```

修改 if…else 语句，存储红外检测信息的变量。

```
if((irDetectLeft==0)&&(irDetectRight==0))          //两边同时接收到红外信号
{
     Left_Turn();
     Left_Turn();
}
else if(irDetectLeft==0)                           //只有左边接收到红外信号
     Right_Turn();
else if(irDetectRight==0)                          //只有右边接收到红外信号
     Left_Turn();
else
     Forward();
```

例程：RoamingWithIr.c

- 打开教学板的电源；
- 保存并运行程序；
- 验证机器人的行为和运行程序 RoamingWithWhiskers.c 时，除了不需要接触，是否非常相似？

```
#include<BoeBot.h>
```

```
#include<uart.h>
#include<intrins.h>

#define LeftIR          P1_2                    //左边红外接收连接到 P1_2
#define RightIR         P3_5                    //右边红外接收连接到 P3_5
#define LeftLaunch      P1_3                    //左边红外发射连接到 P1_3
#define RightLaunch     P3_6                    //右边红外发射连接到 P3_6

void IRLaunch(unsigned char IR)
{
    int counter;
    if(IR=='L')                                 //左边发射
    for(counter=0;counter<38;counter++)         //发射时间比“胡须”长
    {
        LeftLaunch=1;
        _nop_(); _nop_(); _nop_(); _nop_(); _nop_(); _nop_();
        _nop_(); _nop_(); _nop_(); _nop_(); _nop_(); _nop_();
        LeftLaunch=0;
        _nop_(); _nop_(); _nop_(); _nop_(); _nop_(); _nop_();
        _nop_(); _nop_(); _nop_(); _nop_(); _nop_(); _nop_();
    }
    if(IR=='R')                                 //右边发射
    for(counter=0;counter<38;counter++)
    {
      RightLaunch=1;
      _nop_(); _nop_(); _nop_(); _nop_(); _nop_(); _nop_();
      _nop_(); _nop_(); _nop_(); _nop_(); _nop_(); _nop_();
      RightLaunch=0;
      _nop_(); _nop_(); _nop_(); _nop_(); _nop_(); _nop_();
      _nop_(); _nop_(); _nop_(); _nop_(); _nop_(); _nop_();
    }
}
void Forward(void)                              //向前行走子程序
{
    P1_1=1;
    delay_nus(1700);
    P1_1=0;
    P1_0=1;
    delay_nus(1300);
```

```
        P1_0=0;
        delay_nms(20);
    }
void Left_Turn(void)                          //左转子程序
{
    int i;
    for( i=1;i<=26;i++)
    {
        P1_1=1;
        delay_nus(1300);
        P1_1=0;
        P1_0=1;
        delay_nus(1300);
        P1_0=0;
        delay_nms(20);
    }
}
void Right_Turn(void)                         //右转子程序
{
    int i;
    for( i=1;i<=26;i++)
    {
        P1_1=1;
        delay_nus(1700);
        P1_1=0;
        P1_0=1;
        delay_nus(1700);
        P1_0=0;
        delay_nms(20);
    }
}
void Backward(void)                           //向后行走子程序
{
    int i;
    for( i=1;i<=65;i++)
    {
        P1_1=1;
        delay_nus(1300);
        P1_1=0;
```

```
                P1_0=1;
                delay_nus(1700);
                P1_0=0;
                delay_nms(20);
            }
        }
        int main(void)
        {
            int irDetectLeft,irDetectRight;
            uart_Init();
            printf("Program Running!\n");
            while(1)
            {
                IRLaunch('R');                                  //右边发射
                irDetectRight = RightIR;                        //右边接收
                IRLaunch('L');                                  //左边发射
                irDetectLeft = LeftIR;                          //左边接收
                if((irDetectLeft==0)&&(irDetectRight==0))       //两边同时接收到红外信号
                {
                    Backward();
                    Left_Turn();
                    Left_Turn();
                }
                else if(irDetectLeft==0)                        //只有左边接收到红外信号
                {
                    Backward();
                    Right_Turn();
                }
                else if(irDetectRight==0)                       //只有右边接收到红外信号
                {
                    Backward();
                    Left_Turn();
                }
                else
                    Forward();
            }
        }
```

掌握了“胡须”导航的工作原理，你就不难理解上述例程是如何工作的了，它采取与“胡须”导航相同的导航策略。

任务 3　高性能的 IR 导航

在“胡须”导航里使用的先后退再转弯的动作策略很好，但是在使用红外线导航时先后退再转弯就显得有些多余了。在发送脉冲信号给电机之前检查障碍物，可以大大改善机器人的行走性能。程序可以利用传感器输入为每个瞬间的导航选择最好的机动动作。这样，机器人永远不会走过头，它会找到绕开障碍物的完美路线，成功地走过更加复杂的路线。

在每个脉冲信号之间采样以避免碰撞

在检测障碍物时，很重要的一点是在机器人撞到它之前给机器人留有绕开它的空间。如果前方有障碍物，机器人会使用脉冲命令避开它，然后进行探测，如果障碍物还在，则再使用另一个脉冲命令来避开它。机器人能持续使用脉冲命令避障并不断检测，直到绕开障碍物，然后它会继续向前行走。尝试下面的例程，你会认同这对于机器人行走是一个很好的方法。

例程：FastIrRoaming.c

输入、保存并运行程序 FastIrRoaming.c。

```
#include<BoeBot.h>
#include<uart.h>
#include<intrins.h>

#define LeftIR         P1_2                    //左边红外接收连接到 P1_2
#define RightIR        P3_5                    //右边红外接收连接到 P3_5
#define LeftLaunch     P1_3                    //左边红外发射连接到 P1_3
#define RightLaunch    P3_6                    //右边红外发射连接到 P3_6

void IRLaunch(unsigned char IR)
{
    int counter;
    if(IR=='L')                                //左边发射
    for(counter=0;counter<38;counter++)
    {
        LeftLaunch=1;
        _nop_(); _nop_(); _nop_(); _nop_(); _nop_(); _nop_();
        _nop_(); _nop_(); _nop_(); _nop_(); _nop_(); _nop_();
        LeftLaunch=0;
```

```
            _nop_(); _nop_(); _nop_(); _nop_(); _nop_(); _nop_();
            _nop_(); _nop_(); _nop_(); _nop_(); _nop_(); _nop_();
        }
        if(IR=='R')                                      //右边发射
        for(counter=0;counter<38;counter++)
        {
            RightLaunch=1;
            _nop_(); _nop_(); _nop_(); _nop_(); _nop_(); _nop_();
            _nop_(); _nop_(); _nop_(); _nop_(); _nop_(); _nop_();
            RightLaunch=0;
            _nop_(); _nop_(); _nop_(); _nop_(); _nop_(); _nop_();
            _nop_(); _nop_(); _nop_(); _nop_(); _nop_(); _nop_();
        }
    }
    int main(void)
    {
        int   pulseLeft,pulseRight;
        int   irDetectLeft,irDetectRight;
        uart_Init();
        printf("Program Running!\n");
        do
        {
            IRLaunch('R');                                         //右边发射
            irDetectRight = RightIR;                               //右边接收
            IRLaunch('L');                                         //左边发射
            irDetectLeft = LeftIR;                                 //左边接收
            if((irDetectLeft==0)&&(irDetectRight==0))              //向后退
            {
                pulseLeft=1300;
                pulseRight=1700;
            }
            else if((irDetectLeft==0)&&(irDetectRight==1))         //右转
            {
                pulseLeft=1700;
                pulseRight=1700;
            }
            else if((irDetectLeft==1)&&(irDetectRight==0))         //左转
            {
                pulseLeft=1300;
```

```
                pulseRight=1300;
            }
            else                                            //前进
            {
                pulseLeft=1700;
                pulseRight=1300;
            }
            P1_1=1;
            delay_nus(pulseLeft);
            P1_1=0;
            P1_0=1;
            delay_nus(pulseRight);
            P1_0=0;
            delay_nms(20);
        }
        while(1);
    }
```

FastIrRoaming.c 是如何工作的

该例程使用驱动脉冲的方法与之前的例程略有不同。除了定义两个存储 IR 检测器输出状态的变量，它还使用两个整型变量来设置发送脉冲的持续时间。

```
int   pulseLeft,pulseRight;
int   irDetectLeft,irDetectRight;
```

前面已经学习了循环控制语句 while，它的一般形式为：

```
while(表达式) 语句;
```

这里再介绍一种循环控制语句 do…while 语句。

在 C 语言中，直到型循环控制语句是“do…while”，它的一般形式为：

```
do 语句 while(表达式);
```

其中，语句通常为复合语句，称为循环体。

该语句的基本特点是：先执行后判断。因此，循环体至少被执行一次。

在 do 循环体中，发送 38.5kHz 的信号给每个红外 LED。当脉冲发送完后，变量立即存储红外检测器的输出状态。这是很有必要的，因为如果等待的时间太长，无论是否发现物体，都将返回没有检测到物体的状态 1。

```
IRLaunch('R');                  //右边发射
irDetectRight = RightIR;        //右边接收
IRLaunch('L');                  //左边发射
irDetectLeft = LeftIR;          //左边接收
```

在 if…else 语句中，程序不再是发送脉冲或调用导航程序，而是设置发送脉冲的持续时间。

```
if((irDetectLeft==0)&&(irDetectRight==0))
{
    pulseLeft=1300;
    pulseRight=1700;
}
else if(irDetectLeft==0)
{
    pulseLeft=1700;
    pulseRight=1700;
}
else if(irDetectRight==0)
{
    pulseLeft=1300;
    pulseRight=1300;
}
else
{
    pulseLeft=1700;
    pulseRight=1300;
}
```

在重复循环体之前，要做的最后一件事是发送脉冲给伺服电机。

```
P1_1=1;
delay_nus(pulseLeft);
P1_1=0;
P1_0=1;
delay_nus(pulseRight);
P1_0=0;
delay_nms(20);
```

该你了

- 将程序 FastIrRoaming.c 另存为 FastIrRoamingYourTurn.c；
- 用 LED 来指示机器人检测到物体；
- 试着更改 pulseLeft 和 pulseRight 的值，使机器人以一半的速度行走；
- 例程中的 while 语句是否可以替换为 do…while 语句呢？以前使用 while 语句的地方是否能替换为 do…while 语句呢？尝试一下吧！

任务 4　俯视的红外发射和检测器对

到目前为止，当机器人检测到前方有障碍物时，均执行避让动作。在某些场合，当机器人没有检测到障碍物时，也必须采取避让动作。例如，当机器人在桌子上行走，并利用红外检测器检测桌子表面时，只要红外检测器都能够“看”到桌子表面，程序就会使机器人继续向前走。换句话说，只要桌子表面能够被检测到，机器人就会继续在桌面上向前走。

- 断开教学板和伺服系统的电源；
- 使 IR 组的方向向外、向下，如图 5-6 所示。

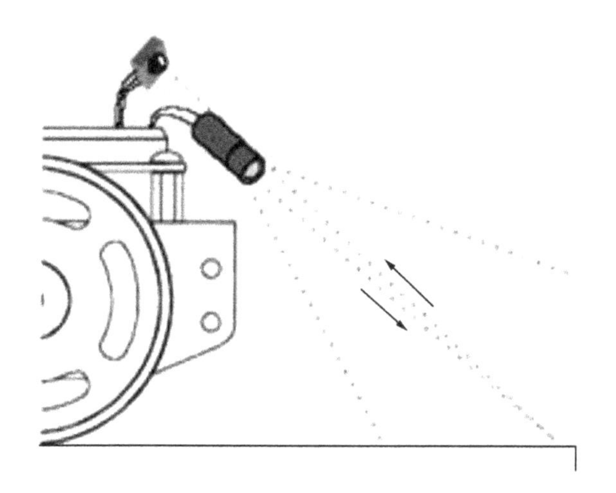

图 5-6　俯视的 IR 组

推荐材料

- 卷装黑色聚氯乙烯绝缘带：19mm（宽度）；

● 一张白色招贴板：56cm×71cm。

用绝缘带模拟桌子的边沿

用绝缘带制作白色招贴板的边框能够模拟桌子的边沿，且对机器人没有危险。

如图 5-7 所示，建立一个有绝缘带边框的场地。使用至少 3 条绝缘带，绝缘带边与边之间连接紧密，没有白色部分露出来。

用 1kΩ（或 2kΩ）电阻代替图 5-3 中的 R3 和 R4，这样一来就减小了通过红外 LED 的电流，从而降低了发射功率，使机器人在本任务中看得近一些。

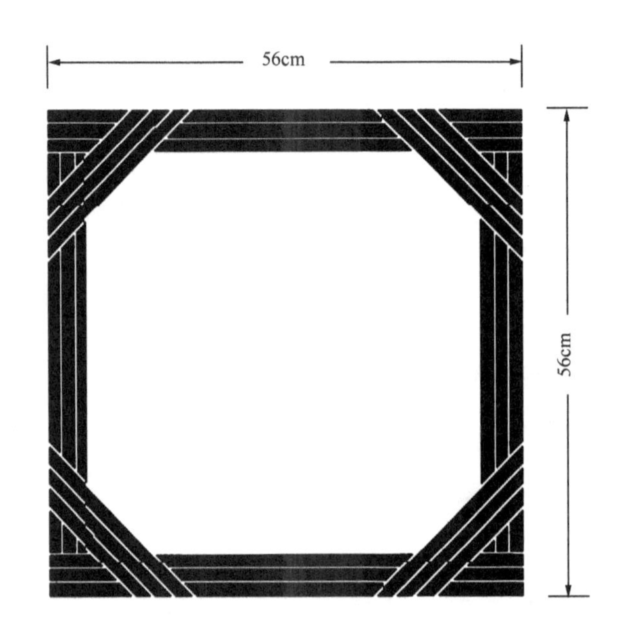

图 5-7　用绝缘带边框模拟桌面边沿

编程检测边沿

编写程序，使机器人在桌面上行走而不会走到桌边，只要修改程序 FastIrRoaming.c 中的 if…else 语句即可。主要的修改是：当 irDetectLeft 和 irDetectRight 的值都是 0 时，表明在桌子表面检测到物体（桌面），机器人向前行走；当某一侧的检测器没有发现物体（桌面）时，机器人就会从另一侧检测器的那边避开，例如，如果 irDetectLeft 的值是 1，则机器人就会向右转。

避开边沿程序的第二个特征是可调整的距离。你可能希望机器人在接收两个检测器返回值之间只响应一个向前的脉冲，但是只要发现边沿，在下一次检测之前响应几个对转动有利

的脉冲。

在避开动作中使用几个脉冲，并不意味着必须返回到“胡须”导航策略中；相反，你可以增加变量 pulseCount 来设置传输给机器人的脉冲数。例如，对于一个向前的脉冲，pulseCount 可以设为 1；对于 10 个向左的脉冲，pulseCount 可以设为 10。

例程： AvoidTableEdge.c

- 打开程序 FastIrRoaming.c 并将其另存为 AvoidTableEdge.c；
- 修改程序，使其与下面的例程一致；
- 打开教学板与伺服电机的电源；
- 在带绝缘带边框的场地上测试程序。

```
#include<BoeBot.h>
#include<uart.h>
#include<intrins.h>

#define LeftIR          P1_2    //左边红外接收连接到 P1_2
#define RightIR         P3_5    //右边红外接收连接到 P3_5
#define LeftLaunch      P1_3    //左边红外发射连接到 P1_3
#define RightLaunch     P3_6    //右边红外发射连接到 P3_6

void IRLaunch(unsigned char IR)
{
      int counter;
      if(IR=='L')                    //左边发射
      for(counter=0;counter<38;counter++)
      {
            LeftLaunch=1;
            _nop_(); _nop_(); _nop_(); _nop_(); _nop_(); _nop_();
            _nop_(); _nop_(); _nop_(); _nop_(); _nop_(); _nop_();
            LeftLaunch=0;
            _nop_(); _nop_(); _nop_(); _nop_(); _nop_(); _nop_();
            _nop_(); _nop_(); _nop_(); _nop_(); _nop_(); _nop_();
      }
      if(IR=='R')                    //右边发射
      for(counter=0;counter<38;counter++)
      {
            RightLaunch=1;
            _nop_(); _nop_(); _nop_(); _nop_(); _nop_(); _nop_();
```

```
            _nop_(); _nop_(); _nop_(); _nop_(); _nop_(); _nop_();
            RightLaunch=0;
            _nop_(); _nop_(); _nop_(); _nop_(); _nop_(); _nop_();
            _nop_(); _nop_(); _nop_(); _nop_(); _nop_(); _nop_();
        }
    }
    int main(void)
    {
        int   i,pulseCount;
        int   pulseLeft,pulseRight;
        int   irDetectLeft,irDetectRight;
        uart_Init();
        printf("Program Running!\n");
        do
        {
            IRLaunch('R');                                      //右边发射
            irDetectRight = RightIR;                            //右边接收
            IRLaunch('L');                                      //左边发射
            irDetectLeft = LeftIR;                              //左边接收
            if((irDetectLeft==0)&&(irDetectRight==0))           //向前走
            {
                pulseCount=1;
                pulseLeft=1700;
                pulseRight=1300;
            }
            else if((irDetectLeft==1)&&(irDetectRight==0))      //右转
            {
                pulseCount=10;
                pulseLeft=1300;
                pulseRight=1300;
            }
            else if((irDetectLeft==0)&&(irDetectRight==1))      //左转
            {
                pulseCount=10;
                pulseLeft=1700;
                pulseRight=1700;
            }
            else                                                //后退
            {
```

```
            pulseCount=15;
            pulseLeft=1300;
            pulseRight=1700;
        }
        for(i=0;i<pulseCount;i++)
        {
            P1_1=1;
            delay_nus(pulseLeft);
            P1_1=0;

            P1_0=1;
            delay_nus(pulseRight);
            P1_0=0;
            delay_nms(20);
        }
    }
    while(1);
}
```

AvoidTableEdge.c 是如何工作的

在程序中加入一个 for 循环来控制每次发送多少脉冲，加入一个变量 pulseCount 控制循环的次数。

```
int pulseCount;
```

在 if…else 中设置 pulseCount 的值就像设置 pulseRight 和 pulseLeft 的值一样。如果两个红外检测器都能“看”到桌面，则响应一个向前的脉冲。

```
if((irDetectLeft==0)&&(irDetectRight==0))
{
    pulseCount=1;
    pulseLeft=1700;
    pulseRight=1300;
}
```

如果左边的红外检测器没有“看”到桌面，则向右旋转 10 个脉冲。

```
else if(irDetectLeft==1)
{
```

```
        pulseCount=10;
        pulseLeft=1300;
        pulseRight=1300;
    }
```

如果右边的红外检测器没有“看”到桌面，则向左旋转 10 个脉冲。

```
    else if(irDetectRight==1)
    {
        pulseCount=10;
        pulseLeft=1700;
        pulseRight=1700;
    }
```

如果两个红外检测器都“看”不到桌面，则向后退 15 个脉冲。

```
    else
    {
        pulseCount=15;
        pulseLeft=1300;
        pulseRight=1700;
    }
```

现在 pulseCount、pulseLeft 和 pulseRight 的值都已设置好，for 循环发送由变量 pulseLeft 和 pulseRight 决定的脉冲数。

```
    for(int i=0;i<pulseCount;i++)
    {
        P1_1=1;
        delay_nus(pulseLeft);
        P1_1=0;
        P1_0=1;
        delay_nus(pulseRight);
        P1_0=0;
        delay_nms(20);
    }
```

该你了

你可以在 if…else 中给 pulseLeft、pulseRight 和 pulseCount 设置不同的值来做一些实验。

举个例子，如果机器人走不远，只是沿着绝缘带的边界行走，则用向后转代替转弯会使机器人的行为更有趣。

- 调整程序 AvoidTableEdge.c 中 pulseCount 的值，使机器人在有绝缘带边界的场地中行走，但不会避开绝缘带太远；
- 用使机器人在场内行走而不是沿边沿行走的方法——绕轴旋转做实验。

工程素质和技能归纳

1．红外检测器作为输入反馈与单片机的编程实现。

2．C 语言中#define 指令的使用。

3．do…while 循环控制语句的使用。

4．高性能红外线导航及边沿探测的实现。

科学精神的培养

1．C51 单片机输出接口的驱动能力有限，其具体含义是什么？在设计电子电路或者机电一体化系统时，时刻都要考虑驱动能力，试分析在使用和维护这些系统时如何注意这个关键问题。

2．除了本讲用到的声明标识符常量，请查找相关资料，找出#define 还有哪些用法，并进行小结。

3．简述 do…while 语句与 while 语句的联系与区别。

4．障碍物与道路（桌面）本是两个对立的概念，在本讲中却可以用同一个检测器进行检测，试分析其中的核心原理。

第6讲　C51定时器与机器人的距离检测

学习情境

在第5讲中，用红外检测器能够探测是否有物体挡在机器人的前方路线上，而不用接触它。在许多情况下，还希望知道机器人距离障碍物有多远。这通常可以借助声呐来完成，即先发送一组声音脉冲，再记录下回声反射回来所需的时间，从发送脉冲到接收到回波的时间可以用来计算距离物体有多远。本讲采用与上一讲相同的器件和电路，也能检测出机器人距离物体的大致距离，只是需要用到C51单片机的定时/计数器等前面没有用过的资源。

如果机器人可以检测到前方物体的距离，就可以编程让机器人跟随物体行走而不会碰上它。你也可以编程让机器人沿着白色背景上的黑色轨迹行走。

用同样的IR组电路检测距离

你将用第5讲中的IR组电路来探测距离。

- 如果该电路仍然完好地在你的机器人上，请确认在红外LED电路中含有470Ω的电阻；
- 如果你已经拆掉了该电路，请参照第5讲第一部分的内容重新搭建该电路。

推荐工具和材料

- 尺子；
- 一张纸。

任务1　定时/计数器的运用

本讲的主要任务需要用到单片机更精确的定时功能，因此首先介绍C51单片机中定时/计数器的使用方法。单片机的定时/计数器能够提供更精确的时间。

前面已经介绍了几种延时方法，除了空操作函数_nop_()，定时/计数器也能产生延时，它的最小延时单位为1个机器周期。前面讲过，若晶振频率为12MHz，则延时单位为1μs；若为11.0592MHz，则延时单位为1.08μs。

AT89S52单片机的定时/计数器可以分为定时器模式和计数器模式。其实，这两种模式没有本质上的区别，均使用二进制的加1计数：当计数器的值计满回零时，能自动产生中断请

求，以此来实现定时或者计数功能。它们的不同之处在于定时器使用单片机的时钟来计数，而计数器使用的是外部信号。

定时/计数器的控制

单片机 AT89S52 有两个定时/计数器，通过 TCON 和 TMOD 这两个特殊功能寄存器控制，可以在头文件 uart.h 中看到 TCON 和 TMOD 的定义。

TCON 为定时器控制寄存器，有 8 位，每个位的含义见表 6-1。TCON 的低 4 位与定时器无关，它们用于检测和触发外部中断。

表 6-1　TCON 控制寄存器

位	符　号	描　述
TCON.7	TF1	定时器 1 溢出标志位。由硬件置位，由软件清除
TCON.6	TR1	定时器 1 运行控制位。由软件置位或清除：置 1 为启动；置 0 为停止
TCON.5	TF0	定时器 0 溢出标志位
TCON.4	TR0	定时器 0 运行控制位
TCON.3	IE1	外部中断 1 边沿触发标志
TCON.2	IT1	外部中断 1 类型标志位
TCON.1	IE0	外部中断 0 边沿触发标志
TCON.0	IT0	外部中断 0 类型标志位

TMOD 为定时器模式寄存器，它也有 8 位，但不能像 TCON 一样可以一位一位地设置，只能通过字节传送指令来设定 TMOD 各个位的状态。TMOD 的各位定义见表 6-2。

表 6-2　TMOD 模式寄存器

位	名　字	定 时 器	描　述
7	GATE	1	门控制。当被置 1 时，只有 $\overline{INT}$ 为高电平时，定时器才开始工作
6	$C/\overline{T}$	1	定时/计数器选择位：1=计数器；0=定时器
5	M1	1	模式位 1（见表 6-3）
4	M0	1	模式位 0（见表 6-3）
3	GATE	0	定时器 0 的门控制位
2	$C/\overline{T}$	0	定时器 0 的定时/计数选择位
1	M1	0	定时器 0 的模式位 1
0	M0	0	定时器 0 的模式位 0

工作模式

每个定时/计数器都由一个 16 位的寄存器 T*n*（*n*=0 或 1）来控制计数长度，由高 8 位 TH*n*

和低 8 位 TLn 置初值。定时/计数器有 4 种工作模式，由 TMOD 定时器模式寄存器中的 M1 和 M0 位设定，见表 6-3。

表 6-3　定时器工作模式

M1	M0	模　式
0	0	0
0	1	1
1	0	2
1	1	3

模式 0：定时/计数器按 13 位自加 1 计数器工作。这 13 位由 TH 的全部 8 位和 TL 中的低 5 位组成，TL 中的高 3 位没有用到。

模式 1：定时/计数器按 16 位自加 1 计数器工作。

模式 2：定时/计数器被拆成一个 8 位寄存器 TH 和一个 8 位计数器 TL，以便实现自动重载。这种模式使用起来非常方便，一旦设置好 TMOD 和 THn，定时器就可以按设定好的周期溢出。

模式 3：TH0 和 TL0 均作为两个独立的 8 位计数器工作。定时器 1 在模式 3 下不工作。

定时/计数器初值的计算

定时/计数器是在计数初值的基础上按加法计数的，假设 Tn（TLn 和 THn）中写入的值为 TC，在该模式下最大计数值为 2^n，程序运行的计数值为 CC，则

$$TC=2^n-CC$$

在第 2 讲中用 LED 来测试电路，通过延时函数使 LED 每隔一段时间闪烁一次。在本任务中，是否可以通过定时/计数器来实现 LED 测试电路呢？

假设通过 P1_0 所接的 LED 每 0.4ms 闪烁一次，即每过 0.2ms 灭一次，再过 0.2ms 亮一次，而模式 2 最大计数值为 256μs（2^8），满足要求。因此，用模式 2 来实现 LED 闪烁功能，计数值 CC 为 0.2ms/1μs=200，利用公式计算得出 TC=256−200=56，换算成十六进制数为 TC=0x38。

例程： TimeApplication.c

- 搭建 LED 测试电路（具体请参照第 2 讲内容）；
- 接通教学板的电源；
- 输入、保存并运行程序 TimeApplication.c；
- 验证与 P1_0 连接的 LED 是否每隔 0.4ms 闪烁一次。

```
#include <AT89X52.H>
#include <stdio.h>

void initial(void);                    //子函数声明
void main(void)
{
    initial();                         //调用定时/计数器初始化函数
     while(1);                         //等待中断
}
/*=================================================
    定时/计数器初始化函数
=================================================*/
void initial(void)
{
    IE=0x82;                           //开总中断 EA，允许定时器 0 中断 ET0
    TCON=0x00;                         //停止定时器，清除标志
    TMOD=0x02;                         //工作在定时器 0 的模式 2
    TH0=0x38;                          //设置重载值
    TL0=0x38;                          //设置定时器初值
    TR0=1;                             //启动定时器 0
}
//中断服务程序
void TIMER(void) interrupt 1           //中断服务程序，1 是定时器 0 的中断号
{
    P1_0=~P1_0;                        //P1_0 的值取反
}
```

TimeApplication.c 是如何工作的

在程序开头有两个头文件——AT89X52.H 和 stdio.h，它们有什么用呢？打开这两个头文件（AT89X52.H 在“C:\Program Files\Keil\C51\INC\Atmel”目录下，stdio.h 在“C:\Program Files\Keil\C51\INC”目录下），可以看到，在 AT89X52.H 中对一些标识符进行了声明，如 P1_0、IE、TCON 等；而在 stdio.h 中则对一些常用的 I/O 函数进行了声明，如 printf()等。

之前写程序时为什么没有加入这两个头文件呢？仔细研究以前程序用到的头文件 uart.h，可以看到，这两个头文件已经包括在程序中，所以就没必要再重新加入了。

在 C 语言中，一个函数的定义可以放在任意位置，既可以放在主函数 main 之前，也可以放在 main 之后，但如果放在 main 之后，那么应该在 main 函数的前面加上这个函数的声明。

```
void initial(void);                  //子函数声明
//主函数 main()很好理解：首先对中断进行初始化设置，然后等待中断
    IE=0x82;
    EA=1 且 ET0=1        //打开了全局和定时器 0 的中断（见表 6-4）
    TCON=0x00;
    //停止定时器，并清除了中断标志（参考表 6-1）
    TMOD=0x02;
    M1=0 且 M0=0         //定时器 0 选择模式 2（见表 6-2）
    TH0=0x38;
    TL0=0x38;                   //设置计数初值和重载值
    TR0=1;                      //启动定时器 0（见表 6-1）
```

中断

中断即发生了某种情况（事件），使得 CPU 暂时中止当前程序的执行，转去执行相应的处理程序。中断在单片机应用的设计与实现中起着非常重要的作用。使用中断表示允许系统响应事件并在执行其他程序的过程中处理该事件。在某种程度上，中断与子程序有些相似：CPU 执行一个程序，再执行子程序，然后返回主程序。

AT89S52 单片机有 5 个中断源：2 个外部中断源、2 个定时器中断源、1 个串口中断源。

每个中断源可以被单独允许或禁止，通过修改可位寻址的专用寄存器 IE（允许中断寄存器）实现，见表 6-4。

表 6-4　IE 允许中断寄存器简表

位	符　号	描述（1=使能，0=禁止）
IE.7	EA	全局允许/禁止
IE.6	—	未定义
IE.5	ET2	允许定时器 2 中断
IE.4	ES	允许串口中断
IE.3	ET1	允许定时器 1 中断
IE.2	EX1	允许外部中断 1
IE.1	ET0	允许定时器 0 中断
IE.0	EX0	允许外部中断 0

中断优先级

AT89S52 的中断分为两级：高和低。利用“优先级”的概念，允许拥有高优先级的中断

源中断系统正在处理的低优先级的中断源。

中断的优先级由高到低依次为：外部中断 0、定时器 0、外部中断 1、定时器 1、串口中断、定时器 2 中断。

编译器 Keil μVision 支持在 C 语言源程序中直接开发中断程序，从而提高了工作效率。中断服务程序是一个按规定语法格式定义的函数，其语法格式如下：

```
返回值 函数名([参数])interrupt m[using n]
{
    …
}
```

其中，*m*（0～31）表示中断号，C51 编译器允许 32 个中断，定时器 0 的中断号为 1；*n*（0～3）表示第 *n* 组寄存器，当例程中没有使用该参数时，默认为寄存器组 0。

寄存器组 *n* 的使用

AT89S52 单片机有 4 个寄存器组，每个寄存器组由 8 个字节组成。在默认情况下（系统复位后），程序使用第 1 个寄存器组 0。

使用“寄存器组”的概念使软件的不同部分可以拥有一组私有的寄存器，不受其他部分的影响，因而可以快速高效地进行“上下文切换”。

由于 LED 的闪烁频率过快，而人的视觉反应不够快，因此你观察到 LED 是一直亮着的。你可以借助示波器观察 P1_0 输出的是不是矩形波，周期是不是 400μs。

该你了——调整定时器时间

为了可以看见 LED 闪烁，你可以使用定时器模式 0。在此模式下，最大延时时间为 8ms（2^{13}=8192），对比第 2 讲中的 LED 程序，分析它们有何不同之处。使用示波器观察，你会发现使用定时器方式可以产生更精确的时间。若效果还不明显，则可以设计一个循环，如当检测到 2500 次中断后更改一次 I/O 口的电平，即将闪烁时间改为 2500×0.4ms=1s，这更有利于肉眼观察。

任务 2　测试扫描频率

红外检测器频率检测

图 6-1 给出了本书所使用的红外检测器灵敏度与频率的关系。可以看出，当发送频率为

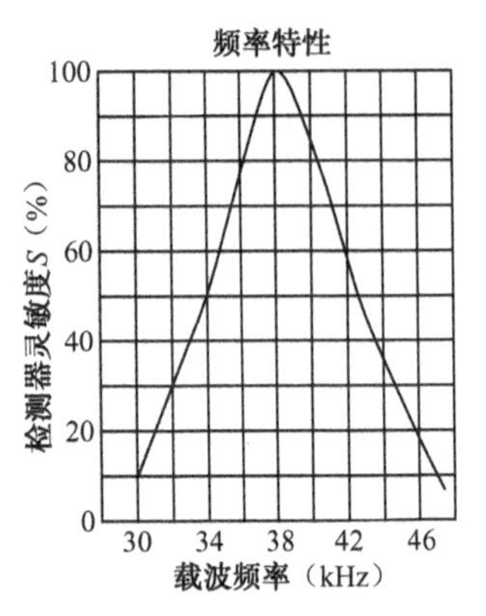

图 6-1　灵敏度与频率的关系

40kHz 的信号给红外检测器时，它的灵敏度是频率为 38.5kHz 时的 80%；当发送频率为 42kHz 的信号给红外检测器时，它的灵敏度是频率为 38.5kHz 时的 50%左右。对于灵敏度很低的频率，为了让红外检测器检测到反射回来的红外线，物体必须离红外检测器更近。

从另一个角度来说，高灵敏度的频率可以检测远距离的物体，低灵敏度的频率可以检测距离较近的物体。利用这个特性就可以实现距离检测了。

选择 5 个不同的频率，从最低灵敏度到最高灵敏度进行测试，当红外检测器不能再检测到物体的红外线频率时，就可以推断物体的大概位置。

用频率扫描法进行编程，做距离检测

用红外发射频率扫描法做机器人距离检测的示意图如图 6-2 所示。假设目标物体在区域 3，当发送 35 700Hz 和 38 460Hz 频率时，机器人能发现物体；发送 29 370Hz、31 230Hz 及 33 050Hz 频率时，机器人不能发现物体。如果将物体移动到区域 2，则当发送 33 050Hz、35 700Hz 及 38 460Hz 频率时机器人可以发现物体，当发送 29 370Hz 和 31 230Hz 频率时机器人不能发现物体。

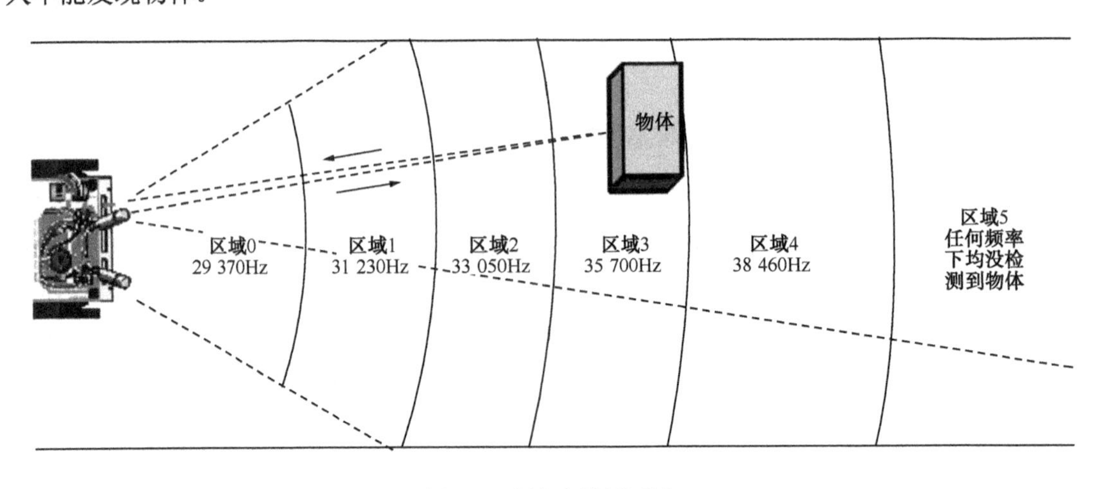

图 6-2　频率和检测区域

例程：TestLeftFrequencySweep.c

本例程要做两件事情：第一，测试红外 LED 和红外检测器（分别与 P1_3 和 P1_2 连接），

以确认它们的距离检测功能正常；第二，完成如图 6-2 所示的频率扫描。

```
#include<BoeBot.h>
#include<uart.h>

#define LeftIR          P1_2                //左边红外接收连接到 P1_2
#define LeftLaunch      P1_3                //左边红外发射连接到 P1_3
unsigned int time;                          //定时时间
int leftdistance;                           //左边的距离
int distanceLeft, irDetectLeft;
unsigned int frequency[5]={29370,31230,33050,35700,38460};
void timer_init(void)
{
    IE=0x82;                                //开总中断 EA，允许定时器 0 中断 ET0
    TMOD |= 0X01;                           //定时器 0 工作在模式 1：16 位定时器模式
}
void FreqOut(unsigned int Freq)
{
    time = 256 - (500000/Freq);             //根据频率计算初值
    TH0 = 0XFF;                             //高 8 位设为 FF
    TL0 = time;                             //低 8 位根据公式计算得到
    TR0 = 1;                                //启动定时器
    delay_nus(800);                         //延时
    TR0 = 0;                                //停止定时器
}
void Timer0_Interrupt(void) interrupt 1     //定时器中断
{
    LeftLaunch = ~LeftLaunch;               //取反
    TH0 = 0xFF;                             //重新设值
    TL0 = time;
}
void Get_lr_Distances()
{
    unsigned int count;
    leftdistance = 0;                       //初始化左边的距离
    for(count = 0;count<5;count++)
    {
        FreqOut(frequency[count]);          //发射频率
        irDetectLeft = LeftIR;
```

```
                printf("irDetectLeft = %d",irDetectLeft);
                if(irDetectLeft == 1)
                    leftdistance++;
        }
    }
    int main(void)
    {
        uart_Init();
        timer_init();
        printf("Progam Running!\n");
        printf("FREQENCY DETECTED\n");
        while(1)
        {
            Get_lr_Distances();
            printf("distanceLeft = %d\n",leftdistance);
            printf("-----------------\n");
            delay_nms(1000);
        }
    }
```

TestLeftFrequencySweep.c 是如何工作的

还记得“数组”吗？在第 3 讲任务 4 用数组建立复杂运动中，用字符型数组存储机器人的运动，这里你将用整数型数组存储 5 个频率值：

```
unsigned int    frequency[5]={29370,31230,33050,35700,38460};
```

串口的初始化函数已多次用到：

```
uart_Init();
```

定时器的初始化函数为：

```
timer_init();
```

此例程使定时器 0 工作在模式 1：16 位定时模式，不具备自动重载功能。注意，timer_init() 并没有开启定时器。

机器人要发射某一频率，该给定时器设定多大的值呢？

当频率为 f 时，周期 T=1/f，高、低电平持续时间均为 t =(1/2) T，根据公式 TC=2^n−CC 可计算定时器初值 time：

$$time=2^{16}-\frac{t}{1\times10^{-6}}=65\,536-\frac{500\,000}{f}$$

但实际上，time 的值并未占满低 8 位，所以你可以简化计算：将高 8 位设为 0xFF，低 8 位根据 n=8 计算，即函数 FreqOut(frequency[count])中的 time 用 256−(500 000/Freq)来计算。当低 8 位计满后，整个寄存器将溢出。

根据图 6-2 所示的距离检测原理，如果检测结果 irDetectLeft 为 1，即没有发现物体，则距离 leftdistance 加 1。当 5 个频率扫描完后，可根据 leftdistance 的值来判断物体距离机器人的大致距离。

运行程序时，在机器人前端放一张白纸，前后移动白纸，调试终端将会显示白纸所在的区域，如图 6-3 所示。

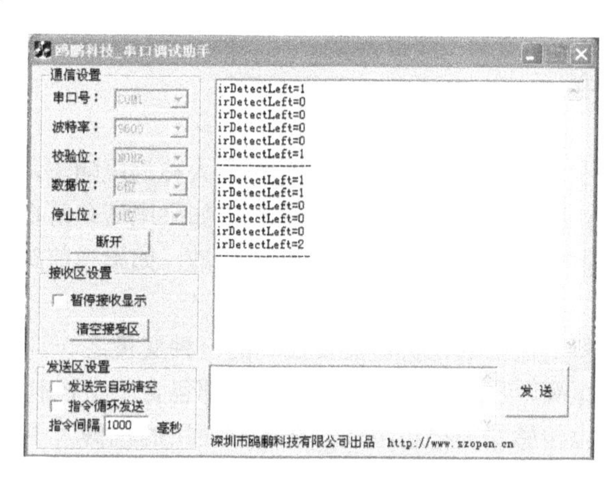

图 6-3　距离检测输出实例

程序通过计算“1”出现的数量，就可以确定目标在哪个区域了。

注意： 这种距离检测方法只是相对精确，并非绝对精确。然而，它为机器人跟随、跟踪和其他行为提供了一个足够好的检测距离的能力。

- 输入、保存并运行程序 TestLeftFrequencySweep.c；
- 用一张纸或卡片面对红外 LED 和红外检测器做距离检测；
- 改变纸或卡片与机器人的距离，记录使 distanceLeft 变化的位置。

该你了——测试右边的红外 LED 和红外检测器

- 修改程序 TestLeftFrequencySweep.c，对右边的红外 LED 和红外检测器做距离检测测试；

● 运行该程序，检验这对红外 LED 和红外检测器能否检测同样的距离。

例程： DisplayBothDistances.c

● 修改程序 TestLeftFrequencySweep.c，添加右边红外 LED 和红外检测器测距程序；
● 输入、保存并运行程序 DisplayBothDistances.c；
● 用纸片对每个 IR 组进行距离检测，然后对两个 IR 组同时进行测试。

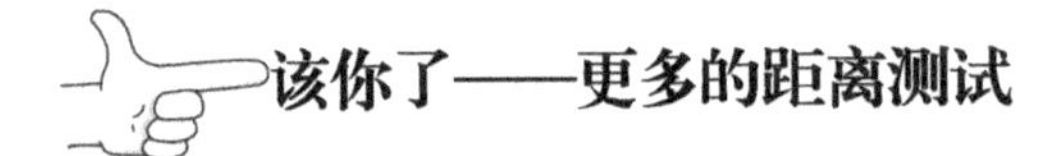

尝试检测不同物体的距离，弄清物体的颜色和（或）材质是否会造成距离检测的差异。

任务 3　尾随小车

让一个机器人跟随另一个机器人行走，跟随的机器人称为尾随车，被跟随的机器人称为引导车。尾随车要正常工作必须知道距离引导车有多远。如果尾随车落在后面，它必须能察觉并加速；如果尾随车距离引导车太近，它必须能察觉并减速；如果当前距离正好合适，它应等待直到距离变远或变近。

距离仅仅是机器人和其他自动化机器需要控制的一种变量之一。当一个机器被设计用来自动维持某一数值，如距离、压力或液位时，它一般都包含一个控制系统。该系统有时由传感器和阀门组成，有时由传感器和电机组成。在本书使用的机器人中，控制系统由传感器和连续旋转的电机组成。除此之外，控制系统还必须有某些处理器，通过对处理器编程来对传感器的输入做出决定，从而控制机械输出。

闭环控制是一种常用的维持控制目标数据不变的方法，它能很好地帮助机器人保持与一个物体之间的距离不变。闭环控制算法多种多样，最常用的有滞后、比例、积分及微分控制。

图 6-4 中的框图描述了机器人采用比例控制算法的控制步骤，即机器人用右边的 IR 组检测距离并用右边的伺服电机调节机器人之间的位置以维持适当的距离。

仔细观察图 6-4 中的数字，分析比例控制算法的工作原理。右边设定距离为 2，说明你希望维持机器人与任何它探测到的物体之间的距离是 2。当实际测量所得距离为 4（距离较远）时，误差是设定值与测量值的差，即 2−4=−2，这在圆圈中以符号的形式给出，这个圆圈叫作求和点。接着，误差被传入一个操作框。这个操作框显示，误差将乘以一个比例常数 Kp，Kp 的值为 70。该操作框的输出显示为−2×70=−140，这叫作输出校正。这个输出校正的结果被送入另一个求和点，这时它与电机零点脉冲宽度 1500 相加，相加的结果是 1360，这个脉宽可以让伺服电机以大约 3/4 全速顺时针旋转，于是机器人右轮向前或朝着物体的方向旋转。

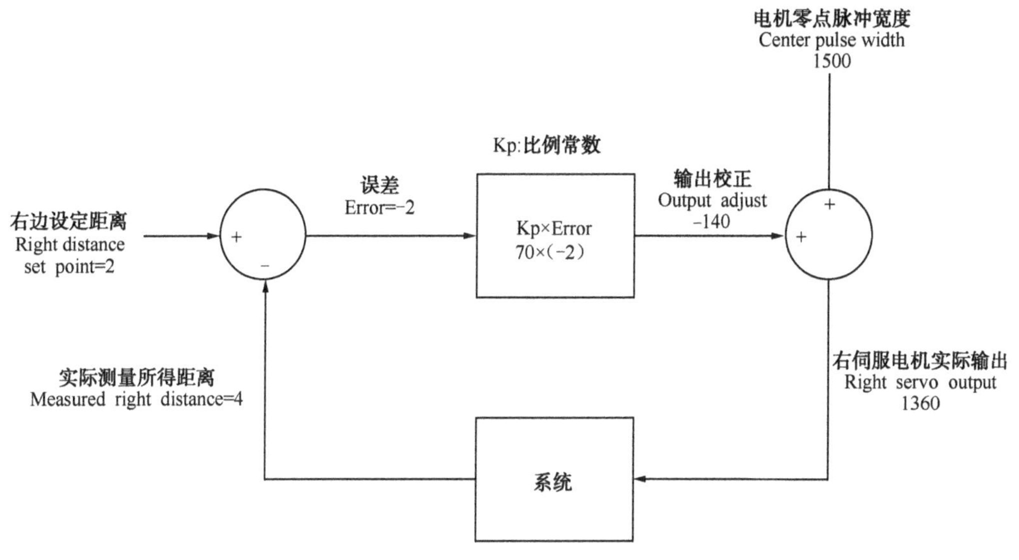

图 6-4　右伺服电机及 IR 组的比例控制框图

第二次经过闭环控制时，实际测量所得距离可能发生变化，但是没有关系，因为不管实际测量所得距离如何变化，这个控制环路都将会计算出一个数值，让伺服电机旋转来纠正误差。修正值与误差总是成比例的，该误差就是设定位置和测量位置的关系偏差。

闭环控制可用一组方程来描述系统行为。图 6-4 中的框图是对该组方程的可视化描述。下面从框图中归纳出方程关系及结果：

```
Error               =Right distance set point − Measured right distance
                    =2 − 4
Output adjust       =Error×Kp
                    = − 2×70
                    = − 140
Right servo output  =Output adjust + Center pulse width
                    = − 140 +1500
                    =1360
```

通过一些代换，上面的 3 个等式可被简化为一个，如下：

```
Right servo output=(Right distance set point − Measured right distance) ×Kp+ Center pulse width
```

代入数值，可以看到结果一致：

```
Right servo output=(2 − 4) ×70+1500
                  =1360
```

左边的 IR 组及左边的伺服电机的控制框图如图 6-5 所示，与右边的运算法则类似。不同的是比例系数 Kp 的值由+70 变为−70。假设左边实际测量所得距离与右边的测量值一样，则输出的修正脉冲宽度应为 1640。

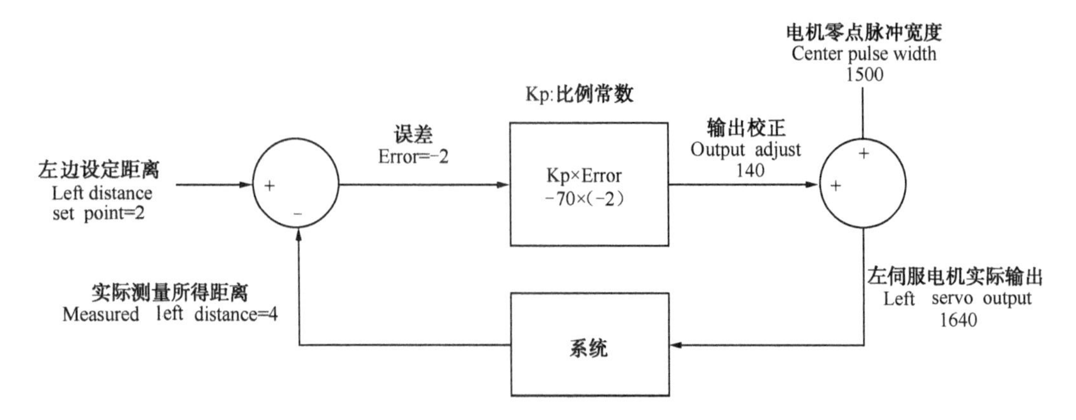

图 6-5　左伺服电机及 IR 组的比例控制框图

下面是该框图的计算式：

```
Left servo output=(Left distance set point  -  Measured left distance) ×Kp+ Center pulse width
                 =(2 - 4)×( - 70) +1500
                 =1640
```

这个值使伺服电机以大约 3/4 全速逆时针旋转，这对机器人的左轮来讲是一个向前旋转的脉宽。在闭环控制中有一个概念，叫作反馈。反馈的意思是，系统的输出被尾随车重新采样，用于进行下一次距离检测，该控制环一次又一次地重复运行，每秒大概运行 40 次。

对尾随车编程

下面的例程说明如何用 C 语言求解上面的方程。右边设定距离为 2，实际测量所得距离用变量 distanceRight 存储，Kp 为 70，电机零点脉冲宽度为 1500。

```
pulseRight = (2-distanceRight ) ×70 + 1500
```

左伺服电机的比例系数 Kp 为−70，则

```
pulseLeft =(2-distanceLeft) ×(-70) + 1500
```

既然数值−70、70、2 和 1500 全都有具体含义，那么就可以对这些常数进行声明：

```
#define Kpl -70
#define Kpr 70
```

```
#define SetPoint 2
#define CenterPulse 1500
```

由于程序中有这些常量声明，你就可以用Kpl代替-70，Kpr代替70，SetPoint代替2，CenterPulse代替1500。在常量声明之后，比例控制计算式的形式为：

```
pulseLeft =(SetPoint  -  distanceLeft) × Kpl + CenterPulse
pulseRight =(SetPoint  -  distanceRight) × Kpr + CenterPulse
```

常量表明的好处在于，你只要在程序的开始部分对它们做一次修改，程序开始部分的修改就会反映到所有你用到该常量的地方。例如，把#define Kpl-70中的-70改为-80，那么程序中所有Kpl的值都会由-70改为-80。对于左、右比例控制系统的调试来说，这是非常有用的。

例程：FollowingRobot.c

该例程可以实现刚才讨论的各个伺服脉冲比例控制。换句话说，在每个脉冲发送之前，须测量距离，决定误差信号，然后将误差值乘以比例系数 Kp，再将结果加上（或减去）电机零点脉冲宽度，送往左（或右）伺服电机。

- 输入、保存并运行程序FollowingRobot.c；
- 把大小为22cm×28mm的纸片置于机器人的前面，模拟障碍物墙。机器人应该维持它和纸片之间的距离为预定的距离；
- 尝试轻轻旋转一下纸片，机器人应该随之旋转；
- 尝试用纸片引导机器人四处运动，机器人应该跟随它运动；
- 当移动纸片使其距离机器人特别近时，机器人应该后退，远离纸片。

```
#include <BoeBot.h>
#include <uart.h>

#define LeftIR          P1_2     //左边红外接收连接到P1_2
#define RightIR         P3_5     //右边红外接收连接到P3_5
#define LeftLaunch      P1_3     //左边红外发射连接到P1_3
#define RightLaunch     P3_6     //右边红外发射连接到P3_6

#define Kpl -70
#define Kpr 70
#define SetPoint 2
#define CenterPulse 1500

unsigned int time;
```

```
int leftdistance,rightdistance;                //左边和右边的距离
int delayCount,distanceLeft,distanceRight,irDetectLeft,irDetectRight;
unsigned int frequency[5]={29370,31230,33050,35700,38460};

void timer_init(void)
{
    IE=0x82;                                   //开总中断 EA，允许定时器 0 中断 ET0
    TMOD |= 0X01;                              //定时器 0 工作在模式 1：16 位定时器模式
}

void FreqOut(unsigned int Freq)
{
    time = 256-(50000/Freq);
    TH0 = 0XFF ;
    TL0 = time ;
    TR0 = 1;
    delay_nus(800);
    TR0 = 0;
}

void Timer0_Interrupt(void) interrupt 1
{
    LeftLaunch = ~LeftLaunch;
    RightLaunch= ~ RightLaunch;
    TH0 = 0XFF;
    TL0 = time;
}

void Get_lr_Distances()
{
    unsigned char count;
    leftdistance = 0;                          //初始化左边的距离
    rightdistance = 0;                         //初始化右边的距离
    for(count = 0;count<5;count++)
    {
        FreqOut(frequency[count]);
        irDetectRight = RightIR;
        irDetectLeft = LeftIR;
        if (irDetectLeft == 1)
```

```
                leftdistance++;
            if (irDetectRight == 1)
                rightdistance++;
        }
}

void Send_Pulse(unsigned int pulseLeft,unsigned int pulseRight)
{
        P1_1=1;
        delay_nus(pulseLeft);
        P1_1=0;

        P1_0=1;
        delay_nus(pulseRight);
        P1_0=0;

        delay_nms(18);
}

int main(void)
{
        unsigned int pulseLeft,pulseRight;
        uart_Init();
        timer_init();
        while(1)
        {
            Get_lr_Distances();
            pulseLeft=(SetPoint-leftdistance)*Kpl+CenterPulse;
            pulseRight=(SetPoint-rightdistance)*Kpr+CenterPulse;
            Send_Pulse(pulseLeft,pulseRight);
        }
}
```

FollowingRobot.c 是如何工作的

主程序做的第一件事是调用 Get_lr_Distances 子函数。Get_lr_Distances 子函数运行完成之后，变量 leftdistance 和 rightdistance 分别包含一个与区域相对应的数值，该区域里的目标被左、右红外检测器检测到。

随后的两行代码对每个伺服电机执行比例控制计算：

```
pulseLeft =(SetPoint-leftdistance)* Kpl + CenterPulse
pulseRight =(SetPoint - rightdistance) * Kpr + CenterPulse
```

最后调用 Send_Pulse 子函数对伺服电机的速度进行调节。

鉴于你做的是尾随机器人，串口线的连接会影响机器人的运动，故可去掉串口线。

该你了

如图 6-6 所示是引导机器人和尾随机器人。引导机器人运行的程序是 FastIrRoaming.c 修改后的版本，尾随机器人运行的程序是 FollowingRobot.c。采用比例控制算法让尾随机器人成为引导机器人忠实的追随者。一个引导机器人可以引导大概 6～7 个尾随机器人。除了最后一个，其余的尾随机器人后面和侧面都需要增加引导机器人的侧面板和后挡板。

图 6-6　引导机器人（左）和尾随机器人（右）

（1）如果是在班级中使用机器人，则把纸板安装在引导机器人的两侧和尾部，如图 6-6 所示。

（2）如果仅是个人使用并且只有一个机器人，则可以让尾随机器人跟随一张纸或你的手来运动，就和跟随引导机器人一样。

（3）用阻值为 1kΩ或 2kΩ的电阻替换掉连接至机器人红外发光二极管上的 470Ω电阻。

（4）打开程序 FastIrRoaming.c，将其重命名为 SlowerIrRoamingForLeadRobot.c。

（5）对程序 SlowerIrRoamingForLeadRobot.c 做以下修改：

- 将 1300 增加为 1420；
- 将 1700 减小为 1580。

（6）尾随机器人运行程序 FollowingRobot.c，该程序不用做任何修改。

（7）机器人均运行自己的程序，把尾随机器人放在引导机器人的后面，只要它不被其他的诸如手或附近墙壁等引开，尾随机器人应该以一个固定的距离跟随引导机器人。

你可以尝试调整 SetPoint 和比例常数来改变尾随机器人的行为。用手或一张纸片来引导尾随机器人，做下面的练习。

- 尝试用 30～100 范围内的常量 Kpr 和 Kpl 来运行程序 FollowingRobot.c，注意观察机器人在跟随目标运动时的响应有何差异；
- 尝试调节常量 SetPoint 的值，范围为 0～4，注意观察机器人在跟随目标运动时的响应有何差异。

任务 4　跟踪条纹带

如图 6-7 所示是你要搭建的一个条纹带跟踪路径。路径搭好后需要编程，使机器人沿路径行走。路径中的每个条纹带由 3 条 19mm 宽的聚乙烯绝缘带边对边并行放置在白色招贴板上组成，绝缘带条纹之间不能露出白色板。

搭建和测试路径

为了成功跟踪该路径，测试和调节机器人是必要的。

需要的材料

- 一张白色招贴板，尺寸为 56cm×71cm；
- 19mm 宽黑色聚乙烯绝缘带一卷。

如图 6-7 所示，用白色招贴板和绝缘带搭建机器人运行路径。

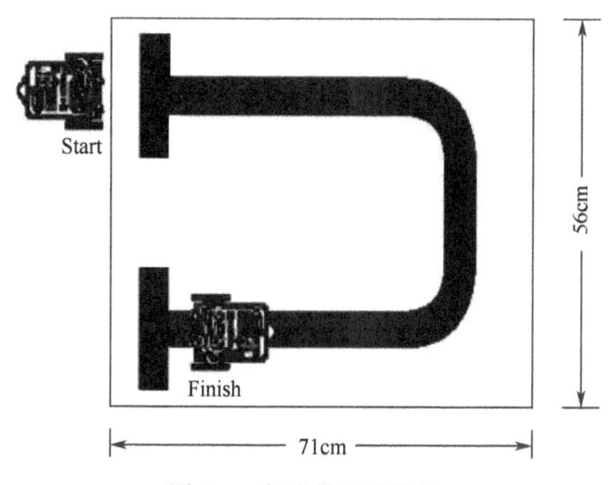

图 6-7　条纹带跟踪路径

测试条纹带

- 调节 IR 组的方向，使其可以扫描条纹带，如图 6-8 所示；
- 确保绝缘带路径不受荧光灯干扰；
- 用 1kΩ电阻代替与红外 LED 串联的 470Ω电阻，使机器人能看到的距离更近；
- 将机器人与串口电缆相连，以便你能看到显示的距离；
- 如图 6-9 所示，把机器人放在白色招贴板上，运行程序 DisplayBothDistances.c；

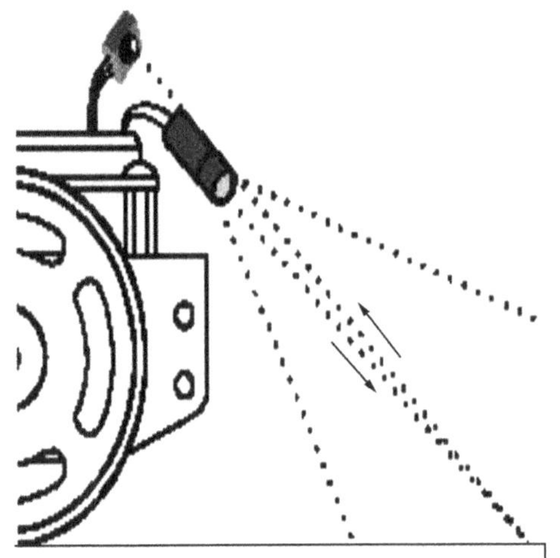

图 6-8 调节 IR 组的方向

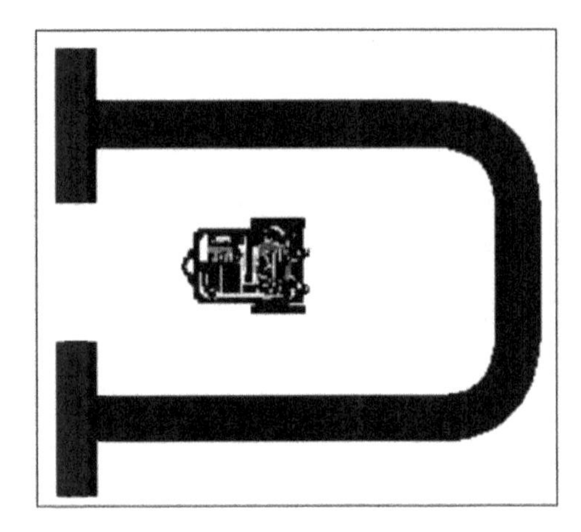

图 6-9 低区域测试顶视图

- 验证区域读数是否表示被探测物体在很近的区域，两个检测器返回的读数都是 1 或 0；
- 将机器人放置在合适的位置，使两个 IR 组都指向三条绝缘带的中心，如图 6-10 和图 6-11 所示；
- 调整机器人的位置（靠近或远离绝缘带），直到两个区域的值都达到 4 或 5，这表明机器人要么发现一个很远的物体，要么没有发现物体；
- 如果在绝缘带路径上很难获得比较高的读数值，则参考绝缘带路径排错部分。

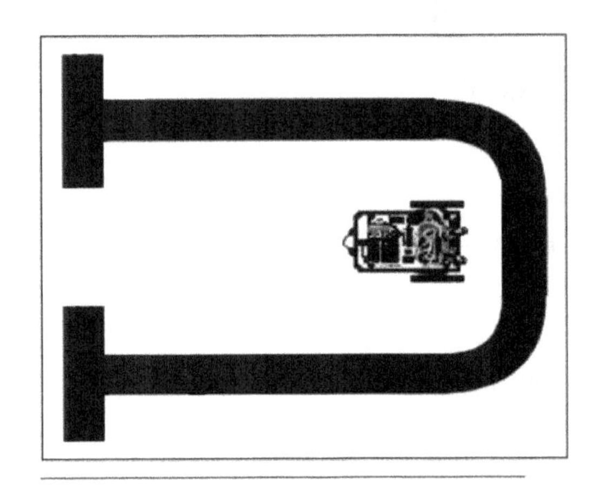

图 6-10 高区域测试顶视图

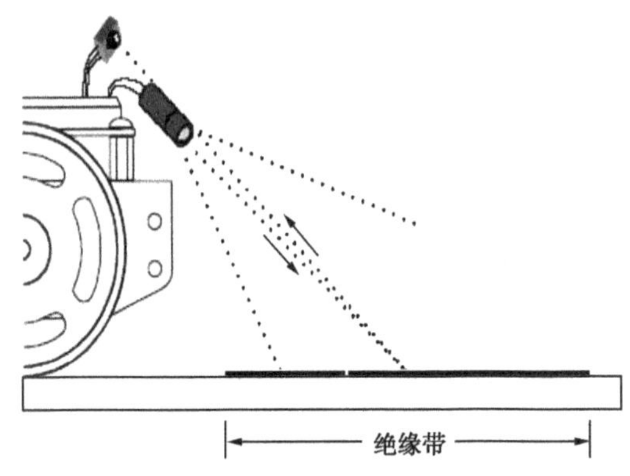

图 6-11 高区域测试侧视图

绝缘带路径排错

如果IR组指向绝缘带路径中心的时候不能获得比较高的读数值，则用4条绝缘带代替原来的3条绝缘带，重新搭建路径。如果区域读数仍然较低，先确认与红外LED串联的电阻阻值是否为1kΩ，如阻值确为1kΩ，则用2kΩ电阻代替1kΩ电阻。如果上述方法都不行，则尝试采用不同的绝缘带。也可以调整IR组，使它们的指向更靠近或更远离机器人前部，这样可能也会有所帮助。

如果读白色表面时，低区域测试有问题，则将IR组朝机器人的方向向下调整，但要注意不要给底盘带来干扰。你也可以更换一个更低阻值的电阻来解决这个问题。

现在，将机器人放在绝缘带路径上，使它的轮子正好跨在黑色线上，如图6.12（a）所示。红外检测器应该略微向外，如图6-12（b）所示。验证两个距离读数是否是0或1。如果读数较高，则意味着红外检测器要再稍微朝远离绝缘带边缘的方向调整一下。

当机器人沿图6-12（a）中箭头所示的任何一个方向移动时，两个IR组中的一个会指向绝缘带，这个指向绝缘带的IR组的读数应该增加到4或5。具体说来，如果机器人向左移动，则右边红外检测器的值会增加；如果机器人向右移动，则左边红外检测器的值会增加。

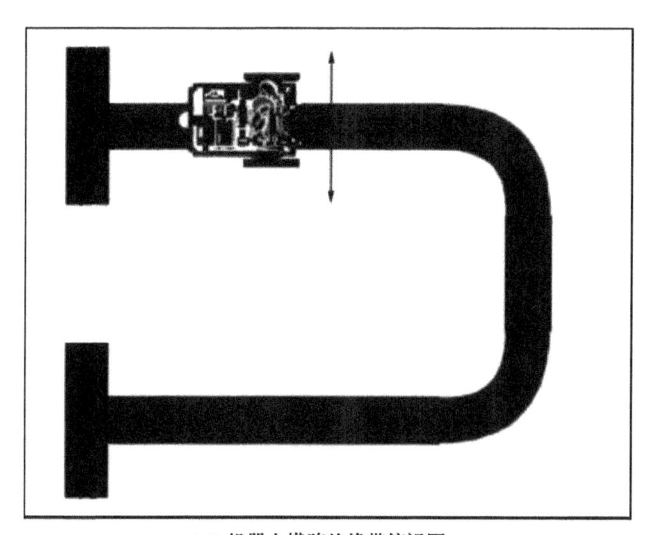

（a）机器人横跨绝缘带俯视图

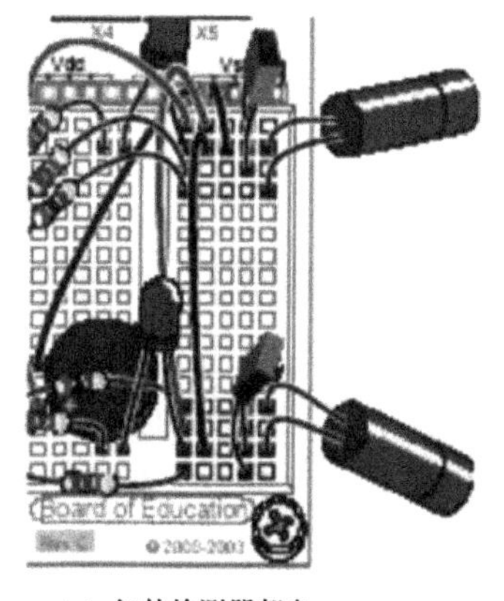

（b）红外检测器朝向

图6-12　绝缘带路径测试

调整IR组，直到机器人通过这个测试，然后利用下面的例程使机器人沿着条纹带行走。

编程跟踪条纹带

只要对程序FollowingRobot.c做一点修改，就可以使机器人跟踪条纹带行走。

首先，将机器人放在绝缘带路径上，使它的轮子正好跨在黑色线上，两个红外检测器返回的距离都等于 SetPoint；当机器人偏离条纹带时，一个红外检测器的测量距离比 SetPoint 大，另一个红外检测器的测量距离比 SetPoint 小，这同程序 FollowingRobot.c 的表现相反。当机器人两个红外检测器的测量距离不在 SetPoint 的范围内时，让机器人向偏差减小的方向运动。只要简单地更改 Kpl 和 Kpr 的符号即可。换句话说，将 Kpl 由-70 改为 70；将 Kpr 由 70 改为-70。你须不断做实验，当 SetPoint 从 2 到 4 时，看哪个值使机器人跟踪条纹带更稳定。下面的例程将 SetPoint 值设为 3。

例程： StripeFollowingRobot.c

- 打开程序 FollowingRobot.c，将其另存为 StripeFollowingRobot.c；
- 将 SetPoint 的值由 2 改为 3；
- 将 Kpl 由-70 改为 70；
- 将 Kpr 由 70 改为-70；
- 运行程序；
- 将机器人放在图 6-7 所示的“Start”位置，机器人应静止。当你把手放在 IR 组前面时，机器人应向前移动，当它走过了开始的条纹带时，把手移开，它会沿着条纹带行走。当它行走至“Finish”条纹带时，它应该停止不动；
- 假定你从绝缘带获得的距离读数为 5，从白色招贴板获得的读数为 0，SetPoint 的常量值为 2、3 和 4 时机器人都可以正常工作，则尝试采用不同的 SetPoint 值，注意观察机器人在条纹带上运行时的性能。

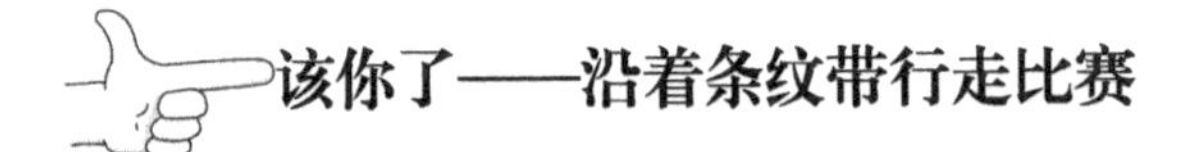

倘若机器人能忠实地在“Start”和“Finish”条纹带处等待，你可以把这个实验转化为比赛，用时最少者获胜。你也可以搭建其他的路径。为了获得最好的性能，可以采用不同的 SetPoint、Kpl 和 Kpr 做实验。

工程素质和技能归纳

1. 掌握定时/计数器的应用及编程实现方法。
2. 掌握 C51 单片机中断服务函数的概念和使用方法。
3. 掌握 C 语言一维数组的使用方法。
4. 掌握机器人红外测距及跟随策略的实现方法。

科学精神的培养

1．请查找 C51 单片机定时/计数器的其他使用方法。
2．除了本讲用到的一维整型数组，还有哪些数组类型？
3．除了初始化赋值，数组还有哪些赋值方法？

第 7 讲　C51 单片机的 UART 与机器人串口通信

学习情境

“串口”这一概念在前文已多次提及，在调试终端（计算机）上显示的数据就是机器人的大脑——单片机 AT89S52 通过串口传送给计算机的。串口连接电缆只有两根信号线，而单片机内的数据都是以 8 位二进制方式描述的，它们之间的通信是如何实现的呢？UART（Universal Asynchronous Receiver/Transmitter，通用异步收发器）是一种能够把二进制数据按位传送的电子设备。AT89S52 单片机拥有 1 个串行通信接口，可以在很宽的频率范围内以多种模式工作，主要功能：在输出数据时，把数据进行并-串转换，即单片机将 8 位并行数据送到串口输出；在输入数据时，把数据进行串-并转换，即从串口读入外部串行数据并将其转换为 8 位并行数据送给单片机。

第 2 讲中的图 2-1 展示了 AT89S52 单片机各个引脚的定义，大部分端口都有第 2 功能，串口就用到了端口的第 2 功能。端口 P3.0（RXD，第 5 号引脚）用于进行串口接收，端口 P3.1（TXD，第 7 号引脚）用于进行串口发送。

AT89S52 单片机串口支持全双工模式（同时收发），并具有接收缓冲功能，即在接收第 2 个字符时，将先前接收到的第 1 个字符保存在缓冲区中，只要 CPU 在第 2 个字符接收完成之前读取了第 1 个字符，数据就不会丢失。

AT89S52 单片机提供了两个特殊功能寄存器 SBUF 和 SCON，供软件访问和控制串口。

串口缓冲寄存器 SBUF 实际上是两个寄存器。写 SBUF 的操作是把待发送的数据送入，读 SBUF 的操作是把接收到的数据取出。两种操作分别对应两个不同的寄存器。AT89S52 串口结构简图如图 7-1 所示。

串口控制寄存器 SCON 包含串口的状态位和控制位，可进行位操作。控制位决定串口的工作模式，状态位代表数据发送和接收结束后的状态。可用软件来查询状态位，也可通过编程使其触发中断。

串口的工作频率，即波特率，可以是固定的，也可以是变化的。如果使用可变的波特率，则波特率的时钟信号由定时器 1 提供，而且必须对其进行相应的编程设定。

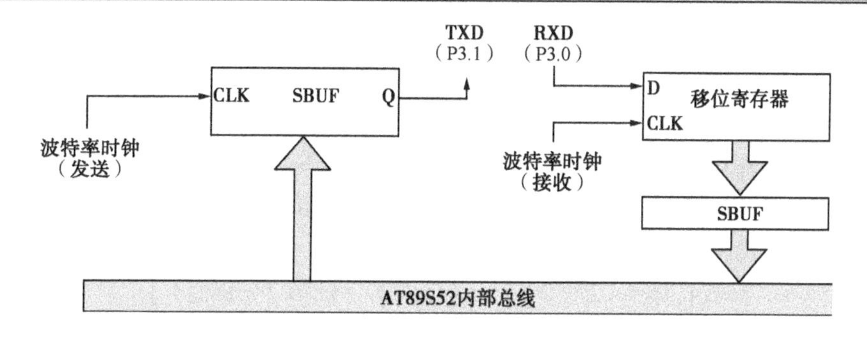

图 7-1　AT89S52 串口结构简图

串口控制寄存器 SCON

AT89S52 单片机串口的工作模式通过设置串口控制寄存器 SCON 来选择，见表 7-1。

表 7-1　SCON 寄存器简表

位	符　号	描　述
SCON.7	SM0	串口模式位 0（见表 7-2）
SCON.6	SM1	串口模式位 1（见表 7-2）
SCON.5	SM2	串口模式位 2。允许在模式 2 和模式 3 下进行多机通信。如果接收到的第 9 位数据为 0，则 RI（接收中断标志）不会被置 1
SCON.4	REN	接收使能位。必须置 1 才能接收数据
SCON.3	TB8	发送数据的第 9 位。在模式 2 和模式 3 下，此位存放发送数据的第 9 位，利用软件置位或清除
SCON.2	RB8	接收数据的第 9 位
SCON.1	TI	发送中断标志。字符发送结束时被置 1，由软件清除
SCON.0	RI	接收中断标志。字符接收结束时被置 1，由软件清除

表 7-2　串口工作模式选择

SM0	SM1	模　式	描　述	波　特　率
0	0	0	移位寄存器	1/12 f_{osc}
0	1	1	8 位 UART	可变（由定时器 1 决定）
1	0	2	9 位 UART	1/64（1/32） f_{osc}
1	1	3	9 位 UART	可变（由定时器 1 决定）

什么是波特率

波特率是一个衡量通信速度的参数，表示每秒钟传送 bit 的个数。例如，波特率 9600 表示每秒钟发送 9600 个 bit。

波特率的计算

在模式 0 下，波特率是固定的，它的值为单片机晶振频率（f_{osc}）的 1/12。

在模式 2 下，当 SMOD=0 时，波特率为 1/64 f_{osc}；当 SMOD=1 时，波特率为 1/32 f_{osc}。其中，SMOD 是电源控制寄存器 PCON 的第 7 位——波特率倍增位。

在模式 1 和模式 3 下，波特率按如下公式计算：

$$波特率=（2^{SMOD}/32）\cdot（f_{osc}/12）\cdot [1/（2^{K}-初值）]$$

在模式 1 下，K=8；在模式 3 下，K=9。初值的计算见第 6 讲中定时/计数器初值计算部分。

本讲使用的是模式 1 下的 8 位 UART 串口通信机制。

RS232 电平与 TTL 电平转换

在数字电路中，只存在“1”和“0”两种逻辑状态，也就是“高电平”和“低电平”。那么，多高的电压为高，多低的电压又为低呢？其实，不同的技术领域或者行业有不同的电平标准，这里介绍 TTL（Transistor-Transistor Logic）和 RS232 这两种标准。

TTL 指三极管-三极管逻辑电路，包括 AT89S52 在内的很多单片机用的都是这种标准。它的逻辑“1”电平是 5V，逻辑“0”电平是 0V。

RS232 标准是 1969 年由美国电子工业协会（EIA）联合贝尔系统、调制解调器厂家及计算机终端生产厂家共同制定的用于串行通信的标准。它的逻辑“1”电平是-15～-5V，逻辑“0”电平是+5～+15V。

RS232 的全称是 EIA-RS-232C，其中 EIA 代表美国电子工业协会；RS 代表推荐标准；232 是标识号；C 代表 RS232 的最新一次修改（1969 年），在这之前有 RS232B、RS232A。

为了使单片机与 PC 能相互通信，必须让这两种电平可以相互转换，电平转换示意图如图 7-2 所示。

图 7-2　PC 与单片机电平转换示意图

图 7-2 中的电平转换电路既可以采用分离元件搭建，也可以采用专用转换芯片（如 MAX232），不论采用哪种方式，它们要完成的工作都是一致的：PC 的 RS232 电平进入单片机之前变成 TTL 电平；单片机的 TTL 电平进入 PC 之前变成 RS232 电平。

串口由 9 个信号口组成，但完成信号的收发只需用到 RXD、TXD 和 GND。连接时须注

意：PC 的接收端（RXD）与单片机的发送端（TXD）相连；PC 的发送端（TXD）与单片机的接收端（RXD）相连；两者的地端（GND）相连。

任务 1　编写串口通信程序

本例程在模式 1 方式下进行通信，通信程序被设计成一个名为 uart.h 的头文件，以便可以被其他程序方便地调用。串口通信程序要和串口调试窗口（如图 7-3 所示）配合使用。

注意：在进行通信设置时，"串口号""波特率""校验位""数据位""停止位"等是针对 PC 串口而言的，并不是对单片机串口的设置。

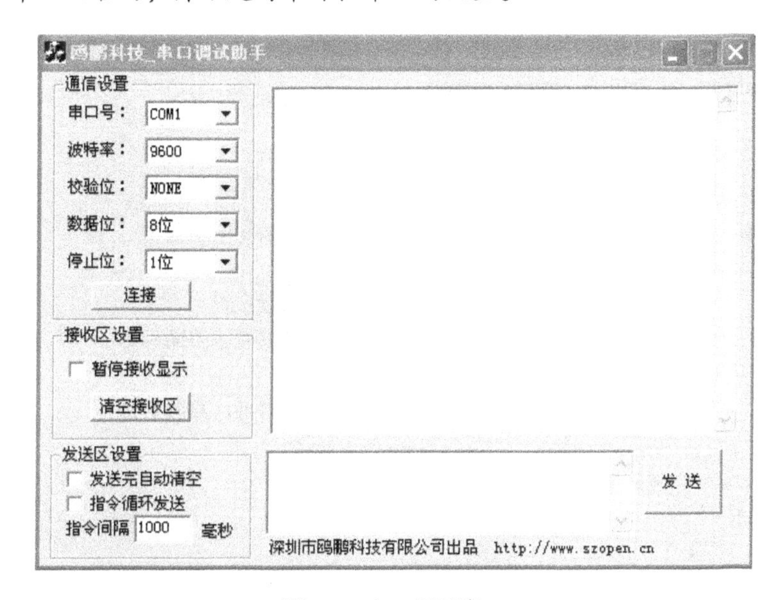

图 7-3　串口调试窗口

例程： uart.h

- 确认 RS232 接口已连接好；
- 输入、保存程序 uart.h。

```
#include <AT89X52.h>
#include <stdio.h>
#define XTAL 11059200
#define baudrate 9600
```

```
#define OLEN 8                                   //串行发送缓冲区大小
unsigned char ostart;                            //发送缓冲区起始索引
unsigned char oend;                              //发送缓冲区结束索引
char idata outbuf[OLEN];                         //发送缓冲区存储数组

#define ILEN 8                                   //串行接收缓冲区大小
unsigned char istart;                            //接收缓冲区起始索引
unsigned char iend;                              //接收缓冲区结束索引
char idata inbuf[ILEN];                          //接收缓冲区存储数组

bit bdata sendfull;                              //发送缓冲区满标志
bit bdata sendactive;                            //发送有效标志
/*串行中断服务程序*/
static void com_isr(void) interrupt 4 using 1
{
    //-------------接收数据----------------
    char c;
    if(RI)                                       //接收中断置位
    {
        c=SBUF;                                  //读字符
        RI=0;                                    //清接收中断标志
        if(istart+ILEN!=iend)
            inbuf[iend++&(ILEN-1)]=c;            //缓冲区接收数据
    }
    //-------------发送数据----------------
    if(TI)
    {
        TI=0;                                    //清发送中断标志
        if(ostart!=oend)
        {
            SBUF=outbuf[ostart++&(OLEN-1)];      //向发送缓冲区传送字符
            sendfull=0;                          //设置缓冲区满标志位
        }
        else
            sendactive=0;                        //设置发送无效
    }
}
//PUTBUF：写字符到 SBUF 或发送缓冲区
void putbuf(char c)
```

```
{
    if(!sendfull)                              //如果缓冲区不满就发送
    {
        if(!sendactive)
        {
            sendactive=1;                      //直接发送一个字符
            SBUF=c;                            //写 SBUF 启动缓冲区
        }
        else
        {
        ES=0;                                  //暂时关闭串口中断
        outbuf[oend++&(OLEN-1)]=c;             //向发送缓冲区传送字符
        if(((oend^ostart)&(OLEN-1))==0)
            sendfull=1;                        //设置缓冲区满标志
        ES=1;                                  //打开串口中断
        }
    }
}
//替换标准库函数 putchar 程序
//printf 函数使用 putchar 输出一个字符
char putchar (char c)
{
    if (c=='\n')                               //增加新的行
    {
        while(sendfull);                       //等待发送缓冲区空
        putbuf(0x0D);                          //对新行在 LF 前发送 CR
    }
    while(sendfull);
    putbuf(c);
    return(c);
}
//替换标准库函数_getkey 程序
//getchar 和 gets 函数使用_getkey
char _getkey(void)
{
    char c;
    while(iend==istart)             //判断接收缓冲区起始索引是否等于接收缓冲区结束索引
    {;}
    ES=0;
```

```
        c=inbuf[istart++&(ILEN-1)];
        ES=1;
        return(c);
    }
    /*初始化串口和 UART 波特率函数*/
    void com_initialize(void)
    {
        TMOD |=0x20;            //设置定时器 1 工作在模式 2，自动重载模式
        SCON=0x50;              //设置串口工作在模式 1，即 SM0=0，SM1=1，REN=1
        TH1=0xfd;               //波特率为 9600bps
        TL1=0xfd;
        TR1=1;                  //启动定时器
        ES=1;                   //打开串口中断
    }

    void uart_Init()
    {
        com_initialize();
        EA=1;                   //打开总中断
    }
```

uart.h 是如何工作的

在程序开头，先声明晶振频率为 11.0592MHz，串口波特率为 9600bps。

```
#define XTAL 11059200
#define baudrate 9600
```

再声明输出和输入的位数均是 8 位。

```
#define OLEN 8
#define ILEN 8
```

存储器结构

AT89S52 单片机内部存储器由片上 ROM 和片上 RAM 组成。片上 RAM 的空间由各种用途的存储器空间组成，包括通用 RAM、可位寻址 RAM（BDATA 区）、寄存器组及特殊功能寄存器（SFR）。

此外，AT89S52 单片机还有附加的 128B 的内部 RAM，称为 IDATA 区，其地址与 SFR

是重叠的。这个空间通常用于存放使用频繁的数据，如：

```
char idata outbuf[OLEN];          //发送缓冲区存储数组
char idata inbuf[ILEN];           //接收缓冲区存储数组
```

BDATA 区允许软件以“位”为单位访问存储器，这是一项非常有用的功能，仅用一条指令就可以实现对位进行置位、清除、与、或等操作，大大简化了程序设计。

```
bit bdata sendfull;               //发送缓冲区满标志
bit bdata sendactive;             //发送有效标志
```

函数 void com_initialize(void)对串口进行初始化并设置波特率为 9600bps，串口将工作在模式 1 下；函数 void uart_Init( )调用了 com_initialize( )并打开了总中断。

参考前一讲可知，TMOD |=0x20 使定时/计数器 1 工作在模式 2；SCON=0x50 设置串口工作在模式 1；根据波特率公式反推出初值为：

初值$=2^K-[(2^{SMOD}/32)\cdot(f_{osc}/12)/$波特率$]=2^8-[(2^0/32)\cdot(11.0592\times10^6/12)/9600]=253=$0XFD

使用函数 void putbuf(char c)写字符到 SBUF 或发送缓冲区。函数 char _getkey(void)从 AT89S52 的串口读入一个字符，然后等待字符输入；而 char putchar(char c)则通过调用 putbuf( )输出字符。注意，putchar( )只能输出一个字符，而 printf 可通过调用 putchar( )输出字符串。

函数 static void com_isr(void) interrupt 4 using 1 不难理解，它和以前介绍的定时/计数器 0 中断函数相似，其作用是进行串口中断、接收和发送数据。“4”是串口的中断号，“1”表示用了第 1 组寄存器。

该你了——PC 测试

按照第 1 讲、第 2 讲的介绍将 uart.h 头文件保存在正确的路径上，通过在主函数中调用 uart_Init()就能使用串口通信功能，可以通过串口调试工具及 printf 函数来观察串口是否能够正常工作，前面的讲节就是这样做的。

串口工作流程

在本节的任务 1 中虽然介绍了 uart.h 头文件中的各个函数，以及中断是如何处理数据接收和发送的，但内容比较抽象，读者很难借此理解串口的整个工作流程。下面将通过介绍常用的 printf( )函数及 scanf( )函数来具体讲解串口工作流程。

C51 单片机的库函数中包含字符的 I/O 函数，它们通过单片机串口来工作，这些 I/O 函数均依赖于两个函数：putchar( )函数和 getkey( )函数。

你可以在“C:\Program Files\Keil\C51\LIB”目录下找到这两个函数，并查看它们的定义。

其中，getkey( )函数前面加了下画线“_”，表示该函数并不是标准的 C 语言库函数。在 uart.h 头文件中修改了这两个函数，用来满足设计需求。

例程： HelloRobot.c——printf("Hello,this is a message from your Robot\n")

printf( )函数调用 putchar( )函数，将第一个字符（‘H’）发送到寄存器 SBUF 中；SBUF 满，TI 置位，进入中断处理函数，发送该字符；之后，字符‘H’通过串口线到达 PC 串口，串口调试窗口进行接收处理，并将字符‘H’在接收区内显示。

如此反复，直到 printf( )函数发送最后一个字符‘\n’——回车命令，将光标置位在下一行，发送工作才结束。串口发送流程如图 7-4 所示。

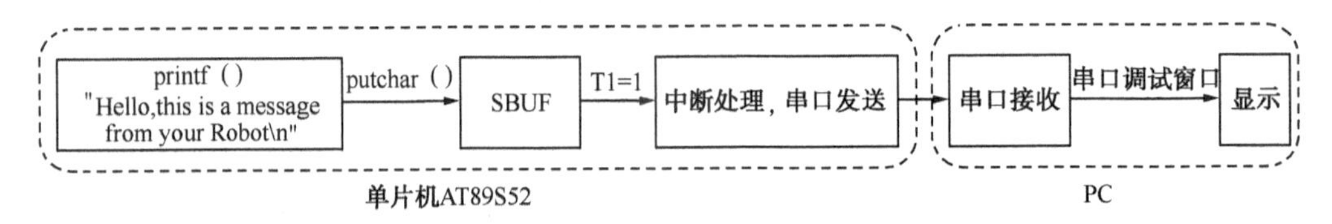

图 7-4　串口发送流程

例程： ControlServoWithComputer.c——scanf("%d",&PulseDuration)

当在串口调试窗口“发送区”内写入整数 1700 并单击“发送”按钮时，调试窗口会将字符‘6’（整数 1700 用十六进制数表示为 6A4，转换过程由调试窗口程序完成）通过串口线发送到单片机的串口。

scanf( )函数通过调用 getkey( )函数，从单片机串口处接收字符‘6’，接收缓冲寄存器 SBUF 满，RI 置位，进入中断处理函数，取出字符‘6’。如此循环，直到全部数据接收完。

最后，scanf( )函数再将接收到的数据（1700）赋值给变量 PulseDuration。

串口接收流程如图 7-5 所示。

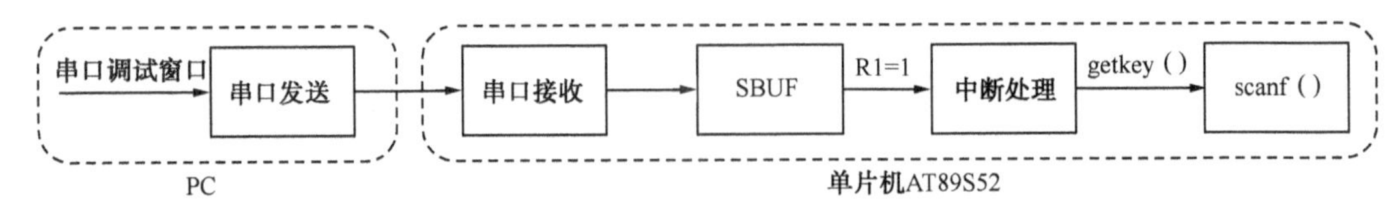

图 7-5　串口接收流程

工程素质和技能归纳

1. 掌握 C51 单片机串口的概念和使用方法。
2. 掌握波特率的定义及计算方法。

3．掌握单片机的存储器结构。

4．掌握串口的工作流程。

科学精神的培养

1．查找相关资料，学习串口控制寄存器 SCON 及特殊寄存器 PCON 的功能及用法。

2．MAX232 芯片具有进行 RS232 与 TTL 电平转换的功能，试查阅相关资料，掌握它的用法和转换原理。

3．在头文件 stdio.h 中包含了许多常用的函数，了解这些函数的用法。

第8讲　C51单片机显示接口编程与机器人应用

学习情境

显示设备的种类非常多，最常用的是数码管和LCD。数码管是一种半导体发光器件，其基本单元是发光二极管，可以显示温度、时间、重量等。LCD（Liquid Crystal Display）是各种小型嵌入式智能设备中应用最广泛的显示设备，如手表上的液晶显示屏、仪表仪器上的液晶显示器或者笔记本电脑上的液晶显示器等，在一般的办公设备上也很常见，如传真机、复印件等。使用 LCD 作为机器人状态显示窗口，可以帮助机器人在运行过程中向用户传达信息。本讲将介绍C51单片机的显示接口编程技术。

LED 数码管

LED 数码管实质上是一种基本单元为发光二极管的半导体发光器件，是由多个发光二极管封装在一起组成“8”字形的器件，其引线已在内部连接完成，只要引出它们的各个笔画和公共电极即可。LED 数码管分为单位、双位、四位和八位4种类型。它们的显示原理都是一样的，都是靠点亮内部的发光二极管来发光的，所以数码管显示与LED的点亮有着密切的关系。

任务1　数码管显示

数码管的显示分为静态式和动态式两类，采用驱动电路来驱动数码管的各个段，从而显示出各种数字和字符，包括0、1、2、3、4、5、6、7、8、9、A、B、C、D、E、F。

静态驱动

静态驱动是指数码管的每一个段都由单片机的I/O口进行驱动，也称为直流驱动。静态驱动的优点是编程简单，显示亮度高；缺点是占用I/O口多，实际应用时必须增加译码驱动器进行驱动，增加了硬件电路的复杂性。

动态驱动

动态驱动是指在数码管的公共极 com 端口增加位选通控制电路，将 8 个显示笔画的同名端连在一起，位选通由各自独立的 I/O 线控制。位选是指选择控制哪个数码管，段选是指选择控制数码管的哪一笔段。在显示过程中，每位数码管的点亮时间间隔为 1～2ms，由于人眼的视觉暂留效果，为了不产生闪烁感，扫描的速度要足够快，才会给人以稳定显示的感觉。动态显示能够节省大量的 I/O 口，而且功耗较低，是单片机应用中最为广泛的一种显示方式。

一个 LED 数码管一般由 8 个发光二极管组成，有一个圆形的发光二极管用于显示小数点，其他 7 个细长的用于显示数字。LED 数码管可分为共阳极和共阴极两种。共阳极数码管就是把所有 LED 的阳极连接到公共端 com，使用时应将公共端 com 接到+5V 电源上，当某一发光二极管的阴极为低电平时，就会被点亮，为高电平时，就不亮。共阳极数码管的内部结构如图 8-1 所示。数码管内部 LED 的分布为：最顶部为 a，逆时针编号分别为 a、b、c、d、e、f，中间的一横为 g，右下角有一个 dp 用于显示小数点。同理，共阴极数码管就是把所有 LED 的阴极连接到公共端 com，使用时应将公共端 com 接到地线 GND 上，而每个 LED 的阳极分别为 a、b、c、d、e、f、g 及 dp，当某一发光二极管的阳极为高电平时，就被点亮，当某一发光二极管的阳极为低电平时，相应二极管就不亮。共阴极数码管的内部结构如图 8-2 所示。

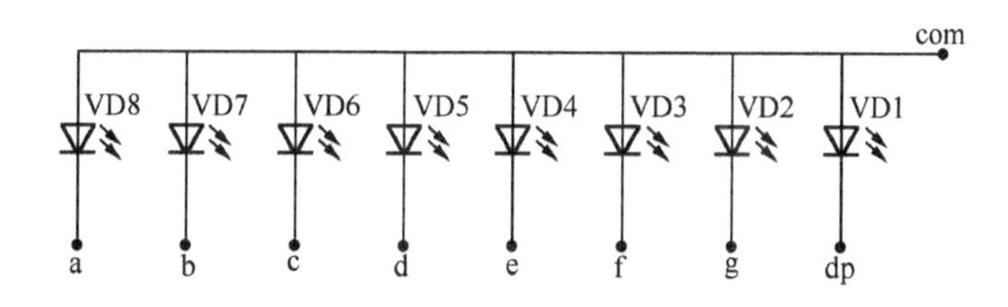

图 8-1　共阳极数码管的内部结构

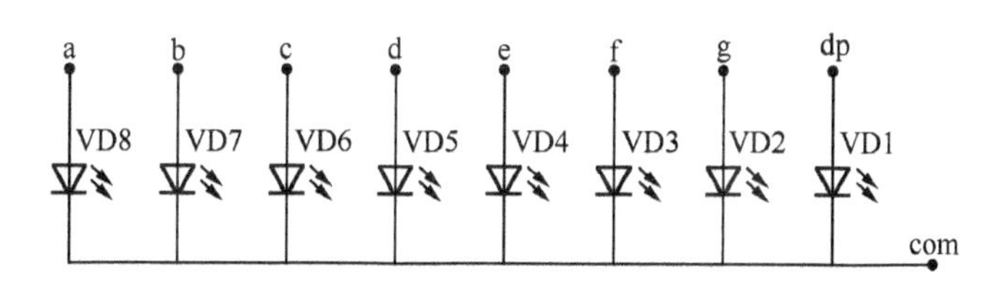

图 8-2　共阴极数码管的内部结构

前面我们已经学习了发光二极管的点亮原理，现在我们来学习数码管的显示原理。我们需要用到一个一位共阴极数码管，其模型如图 8-3 所示，其实物如图 8-4 所示。通过控制相应LED的导通来发光，就能显示出各种字符，例如，要显示一个“3”字，那么应该是a亮、b亮、g亮、c亮、d亮、f不亮、e不亮、dp不亮。

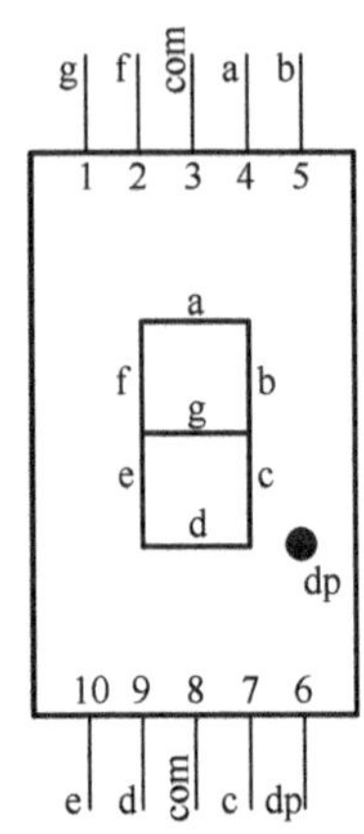

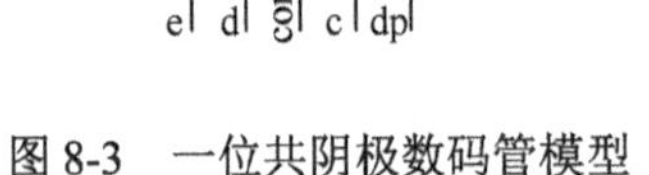

图8-3　一位共阴极数码管模型　　图8-4　一位共阴极数码管实物

本任务将发光二极管的发光原理应用到实际数码显示中，让单片机通过I/O口的位选、段选控制相应LED的亮灭，从而显示不同的字符。

元件清单

一位共阴极数码管，8个1kΩ的电阻，导线若干。

电路设计

首先，将共阴极数码管两个中间引脚的任意一个（公共端com）接至单片机的P1口，以便进行位选，然后，将数码管除去中间两个com引脚外的其他引脚分别接上一个1kΩ的电阻，再按照图8-3所示的模型将a～g以及dp引脚按顺序依次接到P2.0～P2.7，以便进行段选，如图8-5所示。我们要显示哪个字符就根据数字0～9和字符A～F的模型点亮哪些发光二极管，显示原理就是选择需要点亮的LED，给其送入高电平。数码管内部LED的点亮需要5mA以上的电流，由于单片机I/O口的驱动电路能力较弱，无法输出如此大的电流，所以当亮度不够时可以接上驱动芯片，或用三极管进行电流放大，达到以小电流控制大电流的目的。这里我们采用接上拉电阻的方法，在数码管的每个引脚上接上电阻，如图8-5所示。

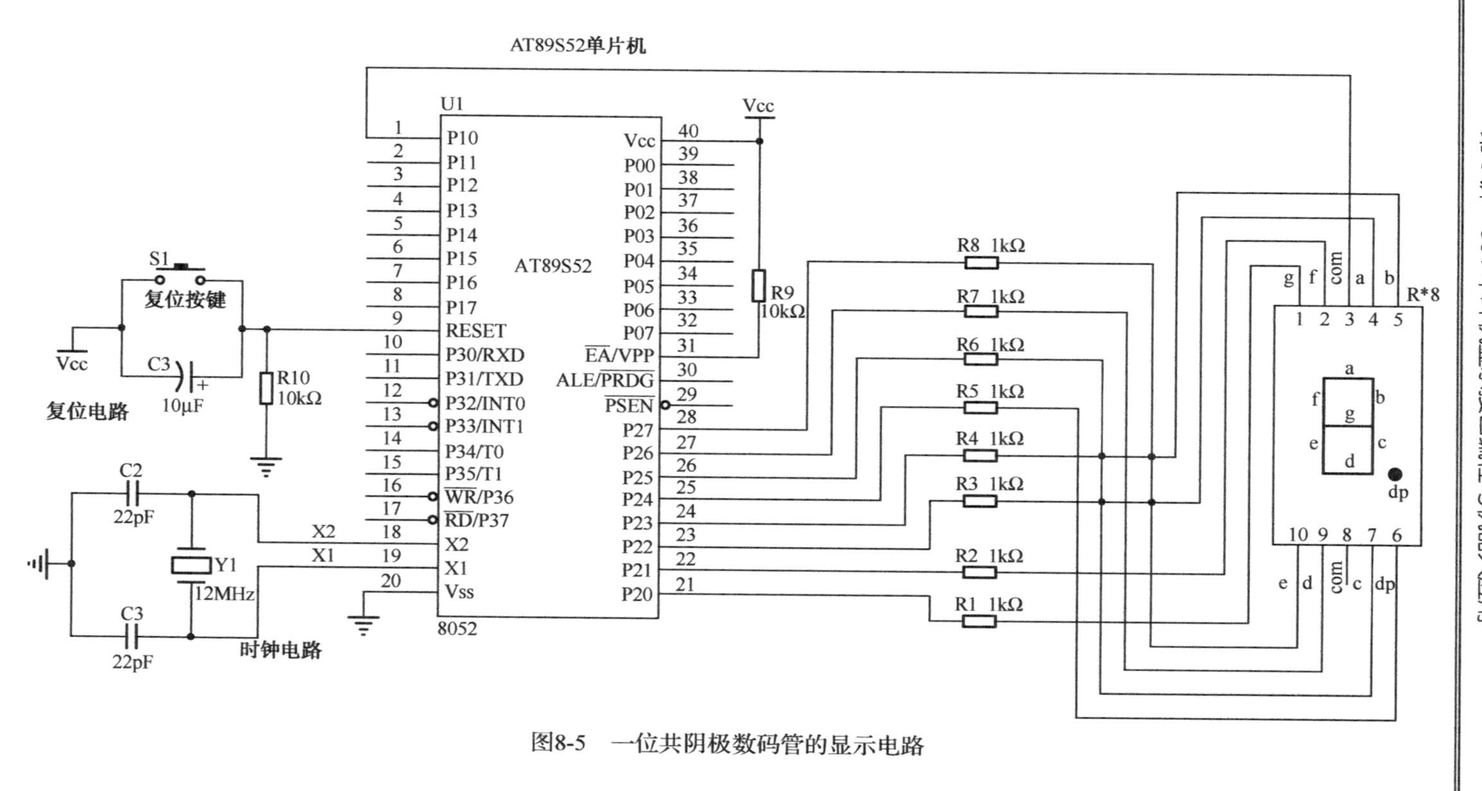

图8-5　一位共阴极数码管的显示电路

共阴极数码管显示的源程序

```
#include <reg52.h>
#include <intrins.h>
#define uchar unsigned char
#define uint unsigned int
void delayms (uint xms);
uchar code table[]={0x3f,0x06,0x5b,0x4f,0x66,0x6d,0x7d,0x07,0x7f,0x6f,        //显示 0～9
                    0x77,0x7c,0x39,0x5e,0x79,0x71};                           //显示 A～F
main()
{
   P1=0xfe;                              //将 11111110 赋给 P1 口，选择 P1^0 端口进行位选
   while(1)
   {
        uint t;
        for(t=0;t<16;t++)
        {
         P2=table[t];                    //将数组里面的值依次赋给 P2 口
        delayms(500);
        }

   }
}
void delayms(uint xms)                   //延时函数
{
      uint i,j;
      for(i=xms;i>0;i--)
      for(j=110;j>0;j--) ;
}
```

如果是共阴极数码管，则

```
uchar code table[]={0x3f,0x06,0x5b,0x4f,0x66,0x6d,0x7d,0x07,
                    0x7f,0x6f,0x77,0x7c,0x39,0x5e,0x79,0x71};
```

共阴极数码管驱动信号编码如下：

显示字符	（dp）gfedcba	十六进制表示	显示字符	（dp）gfedcba	十六进制表示
0	00111111	0x3f	3	01001111	0x4f
1	00000110	0x06	4	01100110	0x66
2	01011011	0x5b	5	01101101	0x6d

续表

显示字符	(dp) gfedcba	十六进制表示	显示字符	(dp) gfedcba	十六进制表示
6	01111101	0x7d	B	01111100	0x7c
7	00000111	0x07	C	00111001	0x39
8	01111111	0x7f	D	01011110	0x5e
9	01100111	0x6f	E	01111001	0x79
A	01110111	0x77	F	01110001	0x71

共阳极数码管的编码是在共阴极数码管编码的每一位二进制数上取反得到的，即

```
uchar code table[]=
{0xc0,0xf9,0xa4,0xb0,0x99,0x92,0x82,0xf8,0x80,0x90,0x88, 0x83,0xc6,0xa1,0x86,0x8e};
```

共阳极数码管驱动信号编码如下：

显示字符	(dp) gfedcba	十六进制表示	显示字符	(dp) gfedcba	十六进制表示
0	11000000	0xc0	8	10000000	0x80
1	11111001	0xf9	9	10010000	0x90
2	10100100	0xa4	A	10001000	0x88
3	10110000	0xb0	B	10000011	0x83
4	10011001	0x99	C	11000110	0xc6
5	10010010	0x92	D	10100001	0xa1
6	10000010	0x82	E	10000110	0x86
7	11111000	0xf8	F	10001110	0x8e

电路连接

数码管显示电路连接如图 8-6 所示。

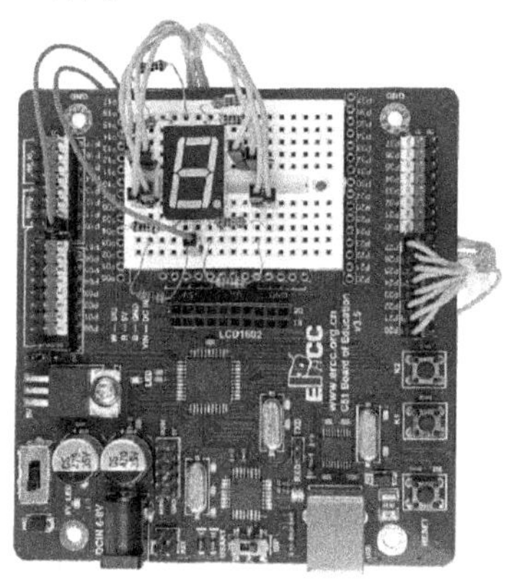

图 8-6　数码管显示电路连接

任务2　认识LCD显示器

LCD显示器

LCD显示器的种类很多，本讲使用的是字符型LCD。

字符型 LCD 是一种专门用于显示字母、数字、符号等的点阵式液晶显示模块。每个显示字符均由 5×7 或 5×11 点阵组成。点阵字符位之间有一空点距的间隔，起到保持字符间距和行距的作用。

本讲所使用的 LCD 1602 显示器可显示两行，每行由 16 个点阵字符组成，能显示所有ASCII字符，如图8-7所示，每个字符由5×7点阵组成。

图8-7　LCD 1602实物

LCD显示器与C51单片机的连接

LCD1602有8个数据引脚（D0～D7）与AT89S52相连，用于接收指令和数据。AT89S52通过RS、R/W和E这3个端口控制LCD显示器。LCD显示器引脚说明见表8-1。LCD显示器与AT89S52的连接示意图如图8-8所示。

表8-1　LCD显示器引脚说明

编　号	符　号	引脚说明	编　号	符　号	引脚说明
1	GND	电源地	7	D0	双向数据口
2	Vcc	电源正极	8	D1	双向数据口
3	V_O	对比度调节	9	D2	双向数据口
4	RS	数据/命令选择	10	D3	双向数据口
5	R/W	读/写选择	11	D4	双向数据口
6	E	模块使能端	12	D5	双向数据口

续表

编　号	符　号	引脚说明	编　号	符　号	引脚说明
13	D6	双向数据口	15	BLA	背光源正极
14	D7	双向数据口	16	BLK	背光源地

Vo：直接接地，对比度最高。

RS：MCU 写入数据或者指令选择端。MCU 要写入指令时，使 RS 为低电平；MCU 要写入数据时，使 RS 为高电平。

R/W：读/写控制端。R/W 为高电平时，读取数据；R/W 为低电平时，写入数据。

E：LCD 模块使能信号控制端。写数据时，须在下降沿触发模块。

D0～D7：8 位数据总线，三态双向。该模块也可以只使用 4 位数据线 D4～D7 接口传送数据。

BLA：需要背光时，BLA 串连一个限流电阻后接 VCC，BLK 接地。

BLK：背光源地。

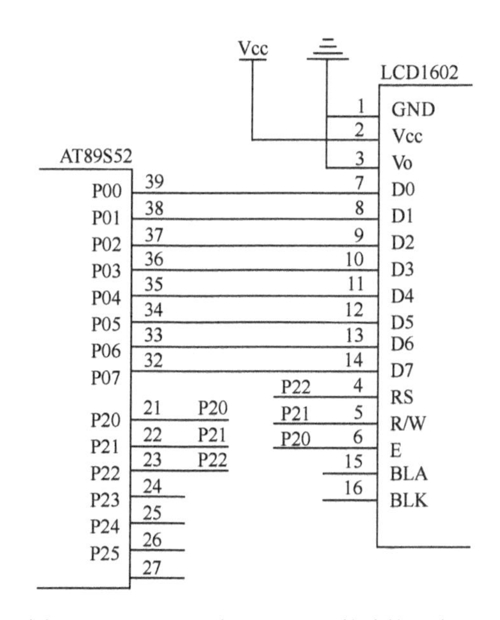

图 8-8　LCD 1602 与 AT89S52 的连接示意图

LCD 接口说明

基本操作时序

在 LCD 时序图中，在将 E 置高电平前，先设置好 RS 和 R/W 信号，在 E 下降沿到来之前，准备好写入的命令字或数据。只需在适当的地方加上延时，就可以满足要求了。

读状态　输入：RS=L，R/W=H，E=H

　　　　输出：DB0～DB7=状态字

写指令　输入：RS=L，R/W=L，E=下降沿脉冲，DB0～DB7=指令码

　　　　输出：无

读数据　输入：RS=H，R/W=H，E=H

　　　　输出：DB0～DB7=数据

写数据　输入：RS=H，R/W=L，E=下降沿脉冲，DB0～DB7=数据

　　　　输出：无

状态字说明

STA7	STA6	STA5	STA4	STA3	STA2	STA1	STA0
D7	D6	D5	D4	D3	D2	D1	D0

STA0～6	当前数据地址指针的数值	
STA7	读/写操作使能	1：禁止 0：允许

注：每次进行读/写操作之前，都必须进行读/写检测，确保 STA7 为 0。

指令说明

显示模式设置

指令码								功能
0	0	1	1	1	0	0	0	设置 16×2 显示，5×7 点阵，8 位数据接口
0	0	1	0	1	0	0	0	设置 16×2 显示，5×7 点阵，4 位数据接口

显示开/关及光标设置

指令码								功能
0	0	0	0	1	D	C	B	D=1 开显示；D=0 关显示 C=1 显示光标；C=0 不显示光标 B=1 光标闪烁；B=0 光标不闪烁
0	0	0	0	0	1	N	S	N=1 当读或写一个字符后地址指针加 1，且光标加 1 N=0 当读或写一个字符后地址指针减 1，且光标减 1 S=1 当写 1 个字符时，整屏显示左移（N=1）或右移（N=0），以得到光标不移动而屏幕移动的效果 S=0 当写 1 个字符时，整屏显示不移动

其他设置

指　令　码	功　　能
01H	显示清屏：①数据指针清零；②所有显示清零
02H	显示回车：数据指针清零

初始化过程（复位过程）

- 延时 15ms；
- 写指令 38H（不检测忙信号）（或 28H，表示 4 位数据接口，下同）；
- 延时 15ms；
- 写指令 38H（不检测忙信号）；
- 延时 15ms；
- 写指令 38H（不检测忙信号）（以后每次写指令、读/写数据操作之前均须检测忙信号）；
- 写指令 38H：显示模式设置；
- 写指令 08H：显示关闭；
- 写指令 01H：显示清屏；
- 写指令 06H：显示光标移动设置；
- 写指令 0cH：显示开及光标设置。

数据指针（地址）设置

LCD 内部带有 80×8 位（80 字节）的 RAM 缓冲区，对应关系如图 8-9 所示。

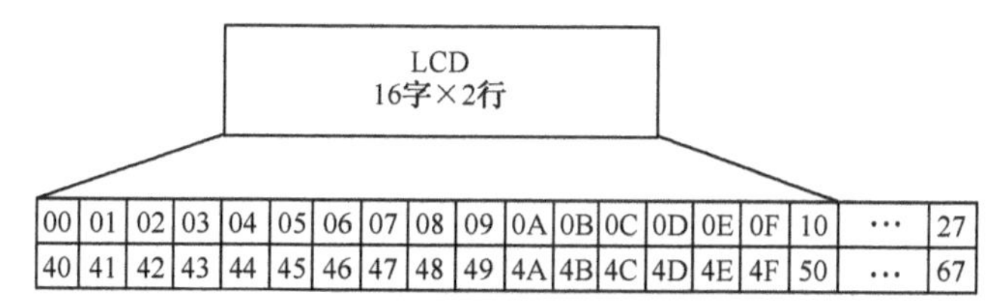

图 8-9　LCD 内部 RAM 地址映射图

数据地址设置指令码：80H+地址码（0～27H，40～67）。

任务 3　编写 LCD 驱动程序

在本任务中，将通过编写程序来驱动 LCD 显示器，显示机器人所要显示的字符或字符串，这样就可以无须调试终端的帮助而显示字符或者字符串了。

元件清单

（1）LCD 1602 显示器。

（2）跳线。

电路连接

传统的接线方式是图 8-8 介绍的 8 位数据线接法，而本书则采用 4 位数据线传输方式进行 LCD 显示。为什么采用四线传输呢？因为这样可以节省接口数量。

由于 LCD 的指令和数据都是 8 位的，因此在传输时要传输两次才能完成一次操作。电路的连接如图 8-10 所示。

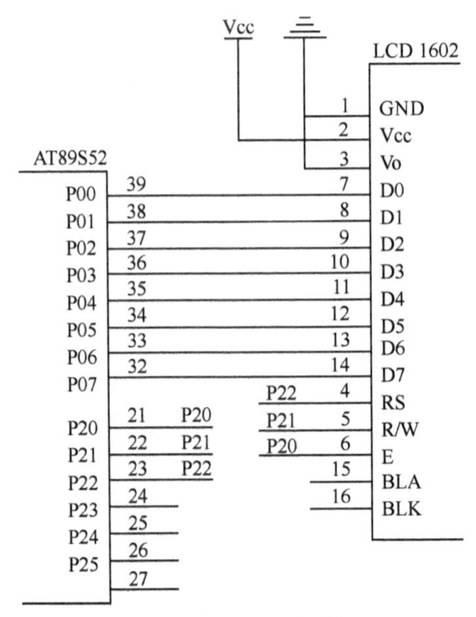

图 8-10　用 4 位数据线连接 LCD

例程：LCDdisplay.c

- 接通教学板电源；
- 输入、保存并运行 LCDdisplay.c；
- 连接 LCD 显示器，观察显示器能否显示字符串。

```
/*==========================================================
            LCD 1602 液晶显示实验
        ----------------------------------------------
        | DB4-----P0.4 | RW-------P2.1
```

```
        | DB5-----P0.5 | RS-------P2.2
        | DB6-----P0.6 | E--------P2.0
        | DB7-----P0.7 |
        ------------------------------------------------
=========================================================*/
#include <AT89x52.h>
#include <BoeBot.h>
#define LCM_RW          P2_1                    //定义引脚
#define LCM_RS          P2_2
#define LCM_E           P2_0
#define LCM_Data        P0
#define Busy            0x80                    //用于检测 LCM 状态字中的 Busy 标志
/*----------------------------------------
        子函数声明
----------------------------------------*/
void Write_Data_LCM(unsigned char WDLCM);
void Write_Command_LCM(unsigned char WCLCM,BuysC);
void Read_Status_LCM(void);
void LCM_Init(void);
void Set_xy_LCM(unsigned char x, unsigned char y);
void Display_List_Char(unsigned char x, unsigned char y, unsigned char *s);

void main(void)
{
    LCM_Init();                                 //LCM 初始化
    delay_nms(5);                               //延时片刻（可不要）
    while(1)
    {
        Display_List_Char(0, 0, "www.szopen.com");
        Display_List_Char(1, 0, "Robot-AT89S52");
    }
}
/*==========================
    函数名：Read_Status_LCM()
    功　能：忙检测函数
==========================*/
void Read_Status_LCM(void)
{
    unsigned char read=0;
```

```
    LCM_RW = 1;
    LCM_RS = 0;
    LCM_E = 1;
    LCM_Data = 0xff;
    do
        read = LCM_Data;
    while(read & Busy);

    LCM_E = 0;
}
/*------------------------------------------
        函数名：Write_Data_LCM ( )
        功  能：对 LCD 1602 写数据
------------------------------------------*/
void Write_Data_LCM(unsigned char WDLCM)
{
    Read_Status_LCM();                          //检测忙

    LCM_RS = 1;
    LCM_RW = 0;

    LCM_Data &= 0x0f;
    LCM_Data |= WDLCM&0xf0;
    LCM_E = 1;                                  //若晶振速度太快，可在这之后加短延时
    LCM_E = 1;                                  //延时
    LCM_E = 0;

    WDLCM = WDLCM<<4;
    LCM_Data &= 0x0f;
    LCM_Data |= WDLCM&0xf0;
    LCM_E = 1;
    LCM_E = 1;                                  //延时
    LCM_E = 0;
}
/*------------------------------------------
        函数名：Write_Command_ LCM ( )
        功  能：对 LCD 1602 写指令
------------------------------------------*/
```

```
void Write_Command_LCM(unsigned char WCLCM,BuysC)  //BuysC为0时忽略忙检测
{
      if (BuysC)
            Read_Status_LCM();                          //根据需要检测忙

      LCM_RS = 0;
      LCM_RW = 0;

      LCM_Data &= 0x0f;
      LCM_Data |= WCLCM&0xf0;                           //传输高4位
      LCM_E = 1;
      LCM_E = 1;
      LCM_E = 0;

      WCLCM = WCLCM<<4;                                 //传输低4位
      LCM_Data &= 0x0f;
      LCM_Data |= WCLCM&0xf0;
      LCM_E = 1;
      LCM_E = 1;
      LCM_E = 0;
}
/*-------------------------------------------
            函数名：LCM_Init()
            功　能：对LCD 1602初始化
-------------------------------------------*/
void LCM_Init(void)                         //LCM初始化
{
      LCM_Data = 0;
      Write_Command_LCM(0x28,0);            //3次显示模式设置，不检测忙信号
      delay_nms(15);
      Write_Command_LCM(0x28,0);
      delay_nms(15);
      Write_Command_LCM(0x28,0);
      delay_nms(15);
      Write_Command_LCM(0x28,1);            //显示模式设置，开始要求每次检测忙信号
      Write_Command_LCM(0x08,1);            //关闭显示
      Write_Command_LCM(0x01,1);            //显示清屏
      Write_Command_LCM(0x06,1);            //显示光标移动设置
      Write_Command_LCM(0x0C,1);            //显示开及光标设置
}
```

```
/*------------------------------------------
            函数名：Set_xy_LCM ()
            功  能：设定显示坐标位置
------------------------------------------*/
void Set_xy_LCM(unsigned char x, unsigned char y)
{
      unsigned char address;
      if( x == 0 )
                address = 0x80+y;
      else
                address = 0xc0+y;
      Write_Command_LCM(address,1);
}
/*------------------------------------------
            函数名：Display_List_Char()
            功  能：按指定位置显示一串字符
------------------------------------------*/
void Display_List_Char(unsigned char x, unsigned char y, unsigned char *s)
{
      Set_xy_LCM(x,y);
      while(*s)
      {
            LCM_Data = *s;
            Write_Data_LCM(*s);
            s++;
      }
}
```

LCDdisplay.c 是如何工作的

整个工作分为两步：先对 LCD 进行初始化，然后显示字符串。

初始化函数 void LCM_Init(void)完全遵照任务 1 中 LCD 的初始化要求。

初始化工作完成之后，主函数调用 Display_List_Char(unsigned char x, unsigned char y, unsigned char *s)来显示字符串。

在显示字符串之前，要用 Set_xy_LCM()确定光标的位置，根据数据地址设置指令要求，若在第一行显示，则写指令 0x80+y；若在第二行显示，则写指令 0x80+0x40+y，即 0xc0+y。

这里介绍一种新的 C 语言数据类型。

指针

指针是 C 语言中广泛使用的一种数据类型。利用指针编程是 C 语言最主要的特点之一。利用指针变量可以表示各种数据结构，能方便地使用数组和字符串，并能像汇编语言一样处理内存地址，从而编出精练而高效的程序。指针极大地丰富了 C 语言的功能，学习指针是学习 C 语言最重要的一环，正确理解和使用指针是掌握 C 语言的一个标志。同时，指针也是 C 语言中最难学习的部分，在学习中除了要正确理解基本概念，还必须要多编程，多上机调试。

在计算机中，所有的数据都是存放在存储器中的。一般将存储器中的一个字节称为一个内存单元，不同的数据类型占用的内存单元数不等，例如，整型数据占 2 个单元，字符型数据占 1 个单元。为了能够正确地访问这些内存单元，必须为每个内存单元编上号。根据一个内存单元的编号即可准确地找到该内存单元。内存单元的编号称为地址。由于根据内存单元的编号或地址就可以找到所需的内存单元，所以通常也把这个地址称为指针。

内存单元的指针和内存单元的内容是两个不同的概念。可以用一个通俗的例子来说明它们之间的关系。当你到银行去存取款时，银行工作人员将根据你的账号去找你的存单，找到之后在存单上写入存款或取款的金额。在这里，账号就是存单的指针，存取款数是存单的内容。对于一个内存单元来说，单元的地址为指针，存放的数据才是该单元的内容。在 C 语言中，允许用一个变量来存放指针，这种变量称为指针变量。因此，一个指针变量的值就是某个内存单元的地址，也称某个内存单元的指针。

对指针变量的定义包括以下内容。

（1）指针类型说明，即定义变量为一个指针变量。

（2）指针变量名。

（3）变量值（指针）所指向变量的数据类型。

其一般形式为：

```
类型说明符　*变量名;
```

其中，*表示这是一个指针变量；变量名即为定义的指针变量名；类型说明符表示本指针变量所指向变量的数据类型。

字符串的指针和指向字符串的指针变量

在 C 语言中，可以用两种方法访问一个字符串。

（1）用字符数组存放一个字符串，然后输出该字符串，如：

```
main ()
{
    char string[]="I love Robot!";
```

```
        printf("%s\n",string);
    }
```

（2）用字符串指针指向一个字符串，如：

```
    main( )
    {
        char *string="I love Robot!";
        printf("%s\n",string);
    }
```

这里，string 是一个指向字符串的指针变量，程序并没有把整个字符串存入 string，而是把字符串的首地址赋给 string。

函数 Display_List_Char(0, 0, "www.szopen.com")先给字符串定位到（0，0），之后将字符串“www.szopen.com”首地址赋值给指针 s，并显示，随后加 1，指向下一个字符，直到显示全部字符为止。

任务 4　用 LCD 显示机器人运动状态

例程 LCDdiaplay.c 仅为静态的 LCD 显示，在实际工程应用中没有意义，它应与具体的应用（如机器人的运动）结合起来。在介绍本任务例程之前，先讲解一下 C 语言的高级功能。

C 语言的编译预处理

在 C 语言编译系统，先要对某些程序（这些程序可以是 C 语言提供的标准库函数，也可以是已经开发好的程序）进行预处理，然后将预处理的结果和源程序一起进行正常的编译处理，从而得到目标代码。预处理命令通常用“#”开头，主要包括以下两种。

宏定义

即#define 指令，形式如下：

```
    #define 名字 替换文本
```

它是一种最简单的宏替换。出现在各处的“名字”都将由“替换文本”替换。#define 指令所定义的名字的作用域从其定义点开始，到被编译的源文件结束。

该指令在前文中已大量使用，如：

```
    #define        LeftIR        P1_2
    #define        Kpl           -70
```

文件包含

即#include 指令。

在源程序中，任何形如#include“文件名”或#include <文件名>的行都将被替换成由文件名所指定文件的内容。如果文件名用引号（“ ”）括起来，那么就在源程序所在位置查找该文件；如果在这个位置没有找到该文件，或文件名由尖括号（<>）括起来，那么就在系统文件下查找该文件。

该指令在第 1 讲中就用到了，如 #include <uart.h>。

所谓文件包含是指一个源文件可以将另一个源文件的全部内容包含进来。但要注意，文件包含并不是把两个文件连接起来，而是编译时作为一个源程序编译，得到一个目标文件，如 HEX 文件。

被包含的文件常在文件的头部，所以被称为“头文件”，可以以“.h”为后缀，也可以以“.c”为后缀。

对于比较大的程序，用#include 指令把各个文件放在一起是一种优化程序的方法，之前的例程就是这样做的。现在将 LCD 显示部分作为头文件 LCD.h 保存起来，具体如下：

```
#define LCM_RW      P2_1
#define LCM_RS      P2_2
#define LCM_E       P2_0
#define LCM_Data    P0
#define Busy        0x80                    //用于检测 LCM 状态字中的 Busy 标志

void Read_Status_LCM(void)
{
    unsigned char read=0;

    LCM_RW = 1;
    LCM_RS = 0;
    LCM_E = 1;
    LCM_Data = 0xff;
    do
        read = LCM_Data;
    while(read & Busy);

    LCM_E = 0;
}
void Write_Data_LCM(unsigned char WDLCM)
{
```

```
        Read_Status_LCM();                          //检测忙

        LCM_RS = 1;
        LCM_RW = 0;

        LCM_Data &= 0x0f;
        LCM_Data |= WDLCM&0xf0;
        LCM_E = 1;                                  //若晶振速度太快，可以在这之后加短延时
        LCM_E = 1;                                  //延时
        LCM_E = 0;

        WDLCM = WDLCM<<4;
        LCM_Data &= 0x0f;
        LCM_Data |= WDLCM&0xf0;
        LCM_E = 1;
        LCM_E = 1;                                  //延时
        LCM_E = 0;
    }

    void Write_Command_LCM(unsigned char WCLCM,BuysC)      //BuysC 为 0 时忽略忙检测
    {
        if (BuysC)
            Read_Status_LCM();                      //根据需要检测忙

        LCM_RS = 0;
        LCM_RW = 0;

        LCM_Data &= 0x0f;
        LCM_Data |= WCLCM&0xf0;                     //传输高 4 位
        LCM_E = 1;
        LCM_E = 1;
        LCM_E = 0;

        WCLCM = WCLCM<<4;                           //传输低 4 位
        LCM_Data &= 0x0f;
        LCM_Data |= WCLCM&0xf0;
        LCM_E = 1;
        LCM_E = 1;
        LCM_E = 0;
```

```
}

void LCM_Init(void)                          //LCM 初始化
{
    LCM_Data = 0;
    Write_Command_LCM(0x28,0);               //3 次显示模式设置，不检测忙信号
    delay_nms(5);
    Write_Command_LCM(0x28,0);
    delay_nms(5));
    Write_Command_LCM(0x28,0);
    delay_nms(5);
    Write_Command_LCM(0x28,1);               //显示模式设置，开始要求每次检测忙信号
    Write_Command_LCM(0x08,1);               //关闭显示
    Write_Command_LCM(0x01,1);               //显示清屏
    Write_Command_LCM(0x06,1);               //显示光标移动设置
    Write_Command_LCM(0x0C,1);               //显示开及光标设置
}

void Set_xy_LCM(unsigned char x, unsigned char y)
{
    unsigned char address;
    if( x == 0 )
        address = 0x80+y;
    else
        address = 0xc0+y;
    Write_Command_LCM(address,1);
}

void Display_List_Char(unsigned char x, unsigned char y, unsigned char *s)
{
    Set_xy_LCM(x,y);
    while(*s)
    {
        LCM_Data = *s;
        Write_Data_LCM(*s);
        s++;
    }
}
```

下面的例程以第 3 讲的例程 NavigationWithSwitch.c 为模板加以修改，删除串口显示部分，添加 LCD 显示部分。

例程： MoveWithLCDDisplay.c

```
#include <at89x52.h>
#include <BoeBot.h>
#include <LCD.h>

void Forward(void)
{
        int i;
        for(i=1;i<=65;i++)
        {
                P1_1=1;
                delay_nus(1700);
                P1_1=0;
                P1_0=1;
                delay_nus(1300);
                P1_0=0;
                delay_nms(20);
        }
}
void Left_Turn(void)
{       int i;
        for(i=1;i<=26;i++)
        {
                P1_1=1;
                delay_nus(1300);
                P1_1=0;
                P1_0=1;
                delay_nus(1300);
                P1_0=0;
                delay_nms(20);
        }
}
void Right_Turn(void)
{
        int i;
```

```
        for(i=1;i<=26;i++)
        {
            P1_1=1;
            delay_nus(1700);
            P1_1=0;
            P1_0=1;
            delay_nus(1700);
            P1_0=0;
            delay_nms(20);
        }
    }
    void Backward(void)
    {
        int i;
        for(i=1;i<=65;i++)
        {
            P1_1=1;
            delay_nus(1300);
            P1_1=0;
            P1_0=1;
            delay_nus(1700);
            P1_0=0;
            delay_nms(20);
        }
    }
    int main(void)
    {
        char Navigation[10]={'F','L','F','F','R','B','L','B','B','Q'};
        int address=0;
        LCM_Init();

        while(Navigation[address]!='Q')
        {
            switch(Navigation[address])
            {
                case 'F':Forward();
                         Display_List_Char(0,0,"case:F");
                         Display_List_Char(1,0,"Forward      ");
                         delay_nms(500);
```

```
                        break;
            case 'L':Left_Turn();
                        Display_List_Char(0,0,"case:L");
                        Display_List_Char(1,0,"Turn Left ");
                        delay_nms(500);
                        break;
            case 'R':Right_Turn();
                        Display_List_Char(0,0,"case:R");
                        Display_List_Char(1,0,"Turn Right");
                        delay_nms(500);
                        break;
            case 'B':Backward();
                        Display_List_Char(0,0,"case:B");
                        Display_List_Char(1,0,"Backward   ");
                        delay_nms(500);
                        break;
        }
        address++;
    }
    while(1);
}
```

MoveWithLCDDisplay.c 是如何工作的

在理解第 3 讲例程 NavigationWithSwitch.c 的基础上，该例程不难理解：switch 在处理每个 case 之后，调用 Display_List_Char( )函数，在 LCD 的第二行显示相关信息，之后延时 0.5s。如果不加 0.5s 的延时，LCD 显示时间过短，实验效果将不明显。

在程序执行过程中，LCD 部分显示如图 8-11 所示。

（a）前进时 LCD 显示

（b）右转时 LCD 显示

图 8-11　LCD 部分显示

- 将主函数 main 之前的 4 个运动子函数以头文件的形式加入程序，进一步优化程序；
- 思考一下为什么不将 LCD 初始化函数 LCM_Init()放在 while 循环体外；
- 思考一下为什么有的显示字符后面加了空格，如“Forward   ”后面有 3 个空格，而没有写成“Forward”；
- 根据数码管的显示原理，用两个数码管显示 1min 的倒计时。

提示：该 LCD 显示器没有清行命令。

工程素质和技能归纳

1．掌握 LCD 作为终端显示与单片机接口编程方法。
2．学习指针的使用方法。
3．学习 C 语言编译预处理功能。
4．学习头文件的制作方法。
5．掌握 8 位数码管的显示原理。

科学精神的培养

1．在介绍 LCD 数据总线时，说它是“三态双向”，什么是“三态双向”？

2．指针作为 C 语言中一种重要的数据类型，还有许多用法，请查找相关资料，对指针用法进行归纳总结。

第 9 讲　多传感器智能机器人

学习情境

通过前面的学习，你已经对 C51 单片机及 C 语言编程技术有了基本的了解和掌握，同时熟悉了小型机器人的制作过程。机器人通过传感器（触觉传感器或红外传感器）检测信息，并将信息传送给机器人的大脑——微控制器，微控制器做出决策后发送命令给执行器——伺服电机，使机器人能够正常行走或者漫游。

不论是触觉导航，还是红外线导航，机器人大脑分析的信息都是单一的传感器信息。在实际的智能机器人等自动化系统中，通常不只有一种传感器，而是有多种传感器来检测各种环境信息，例如，用触觉传感器检测是否有物体已经碰到机器人，用红外传感器检测不远的前方是否有障碍物，用激光传感器检测更远的地方是否有障碍物等。当然，最复杂的机器人传感器是视觉传感器，这不是本课程讨论的内容。

本讲将前面学习和实践过的触觉和红外传感器结合起来，设计一款多传感器智能机器人，使它能够对传感器检测到的信息进行综合判断，执行理想的行走方案。如果有更多的机器人传感器，也可以参考本讲的处理方法。

本讲还要用到 C 语言更高级的编程知识和技巧。

任务 1　多传感器信息与 C 语言结构体的使用和编程

在前面几讲中，想要显示或存储的信息，如“int counter”“Program Running!”“char Navigation[10]={'F','L','F','F','R','B','L','B','B','Q'};”“int Pulses_Left[4]= {1700,1300,1700, 1300};”等，用了大量不同类型的变量。有没有可能把这些不同类型的变量全部放在一个变量里呢？这里将介绍一种新的数据类型，它可以解决这一问题。

结构体

结构体可以将不同类型的变量放到一起，组成一个复合的复杂变量，以表示某些工程对象或者系统的多元特征。

在实际问题中，一些对象或者系统的特征往往含有多种数据类型，而编写程序时，总希望能够把同一个对象或者系统的特征放到一个数据变量中，以便阅读、分析和检查。例如，

在学生信息登记表中，用于描述学生的特征包括姓名、学号、年龄、性别和成绩等，在这些特性中，姓名为字符型；学号为整型或字符型；年龄为整型；性别为字符型；成绩为整型或实型。显然，你不能用数组或者其他已经学习过的数据类型来存放这些数据。（数组可以存放多个数据，但这些数据必须属于同一类型）

为了解决这个问题，C 语言给出了一种构造数据类型——结构（structure），也称结构体。结构是一种构造类型，是由若干成员组成的。结构中的每一个成员可以是一种基本数据类型，也可以是一种已经定义好的构造类型。既然结构是一种“构造”而成的数据类型，那么在说明和使用之前必须先定义它，也就是构造它，这就如同在说明和调用函数之前要先定义函数一样。

定义一个结构的一般形式为：

```
struct 结构名
{成员列表};
```

成员列表由若干个成员组成，每个成员都是该结构的一个组成部分。对每个成员也必须做类型说明，其形式为：

```
类型说明符　成员名;
```

成员名的命名应符合标志符的书写规定。例如，可以将前面例子中的学生信息登记表中的学生特征定义成一个结构：

```
struct stu
{
    int num;
    char name[20];
    char sex;
    float score;
};
```

在这个结构定义中，结构名为 stu，该结构由 4 个成员组成：第一个成员是 num，为整型变量；第二个成员是 name，为字符型数组；第三个成员是 sex，为字符型变量；第四个成员是 score，为实型变量。注意，在大括号后的分号是不可少的。

结构定义之后，即可进行变量说明。凡说明为结构 stu 的变量都由上述 4 个成员组成。由此可见，结构是一种复杂的数据类型，是数目固定、类型不同的若干有序变量的集合。

说明结构变量有以下 3 种方法。

（1）先定义结构，再说明结构变量，如：

```
struct stu
{
        int num;
        char name[20];
        char sex;
        float score;
};
struct stu boy1,boy2;
```

这种方法说明了两个变量 boy1 和 boy2 为 stu 结构类型。

（2）在定义结构类型的同时说明结构变量，如：

```
struct stu
{
        int num;
        char name[20];
        char sex;
        float score;
}boy1,boy2;
```

这种说明方法的一般形式为：

```
struct  结构名
{
        成员列表
}变量名列表;
```

（3）直接说明结构变量，如：

```
struct
{
        int num;
        char name[20];
        char sex;
        float score;
}boy1,boy2;
```

这种说明方法的一般形式为：

```
struct
{
```

```
        成员列表
    }变量名列表;
```

第 3 种方法与第 2 种方法的区别在于：第 3 种方法省去了结构名，而直接给出结构变量。3 种方法中说明的 boy1、boy2 变量都具有如图 9-1 所示的结构。

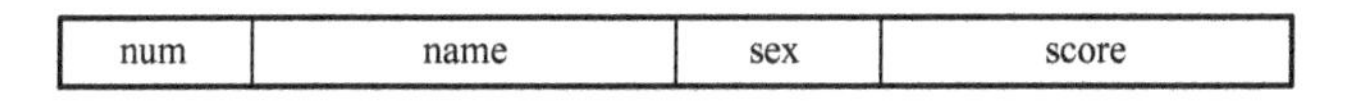

图 9-1　结构变量 boy1、boy2 的结构

在说明了 boy1、boy2 变量为 stu 类型后，即可向这两个变量中的各个成员赋值。在上述 stu 结构定义中，所有的成员都是基本数据类型或数组类型。

成员也可以是一个结构，即构成了嵌套的结构。例如，图 9-2 给出了另一个数据结构。

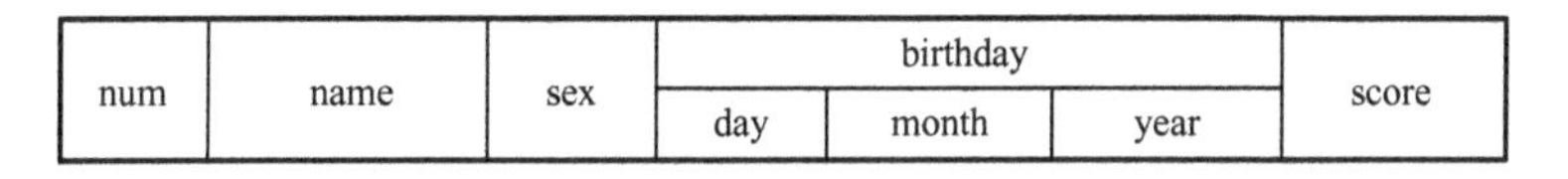

图 9-2　嵌套式数据结构

结构变量成员的表示方法

在程序中使用结构变量时，往往不把它作为一个整体来使用。一般来说，对结构变量的使用，包括赋值、输入、输出、运算等，都是通过引用结构变量的成员来实现的。

引用结构变量成员的一般形式是：

```
    结构变量名.成员名
```

如：

```
    boy1.num     即第一个人的学号
    boy2.sex     即第二个人的性别
```

如果成员本身又是一个结构，则必须逐级找到最低级的成员才能使用，如：

```
    boy1.birthday.month  即第一个人出生的月份
```

结构变量的成员可以在程序中单独使用，这一点与普通变量完全相同。

结构变量的赋值

结构变量的赋值就是给各成员赋值，可用输入语句来完成，如：

```
    boy1.num=102;
    boy2.sex='M';
```

结构变量的初始化

和其他类型变量一样，对结构变量可以在定义时进行初始化赋值，如：

```
struct stu
{
    int num;
    char *name;
    char sex;
    float score;
}boy2,boy1={102,"Zhang ping",'M',78.5};
```

掌握结构的基本知识之后，下面的例程将不难理解。

例程： IRRoamingWithWithStructLCDDisplay.c

```
#include <AT89X52.h>
#include <BoeBot.h>
#include <IR.h>
#include <Move.h>
#include <LCD.h>

int main(void)
{
    LCM_Init();                                            //LCD 初始化
    while(1)
    {
        Launch();                                          //红外发射
        if((irDetectLeft==0)&&(irDetectRight==0))          //两边同时接收到红外线
        {
            Left_Turn();
            Left_Turn();
            Display_List_Char(0,0,"Both IR Detected");
            Display_List_Char(1,0,"Turn Left Twice ");
            delay_nms(500);
        }
        else if(irDetectLeft==0)      //只有左边接收到红外线
        {
            Right_Turn();
            Display_List_Char(0,0,"L IR Detected     ");
```

```
                Display_List_Char(1,0,"Turn Right Once ");
                delay_nms(500);
            }
            else if(irDetectRight==0)      //只有右边接收到红外线
            {
                Left_Turn();
                Display_List_Char(0,0,"R IR Detected     ");
                Display_List_Char(1,0,"Turn Left Once    ");
                delay_nms(500);
            }
            else
            {
                For_Ward();
                Display_List_Char(0,0,"No IR Detected   ");
                Display_List_Char(1,0,"Forward Directly");
                delay_nms(500);
            }
        }
    }
```

IRRoamingWithWithStructLCDDisplay.c 是如何工作的

与第 5 讲中的例程 RoamingWithIr.c 相比，该例程添加了多个头文件。其中头文件 LCD.h 与第 8 讲所用的一样，用来在 LCD 上显示机器人的相关信息，具体内容见第 8 讲。

头文件 IR.h 整合了红外发射的相关函数，具体内容如下：

```
#include <intrins.h>

#define LeftIR         P1_2    //左边红外接收连接到 P1_2
#define RightIR        P3_5    //右边红外接收连接到 P3_5
#define LeftLaunch     P1_3    //左边红外发射连接到 P1_3
#define RightLaunch    P3_6    //右边红外发射连接到 P3_6

int irDetectLeft,irDetectRight;

int IRLaunch(unsigned char IR)
{
    int counter;
    if(IR=='L')
```

```
        for(counter=0;counter<1000;counter++)        //左边发射
        {
            LeftLaunch=1;
            _nop_(); _nop_(); _nop_(); _nop_(); _nop_(); _nop_();
            _nop_(); _nop_(); _nop_(); _nop_(); _nop_(); _nop_();
            LeftLaunch=0;
            _nop_(); _nop_(); _nop_(); _nop_(); _nop_(); _nop_();
            _nop_(); _nop_(); _nop_(); _nop_(); _nop_(); _nop_();
        }
        if(IR=='R')
        for(counter=0;counter<1000;counter++)        //右边发射
        {
            RightLaunch=1;
            _nop_(); _nop_(); _nop_(); _nop_(); _nop_(); _nop_();
            _nop_(); _nop_(); _nop_(); _nop_(); _nop_(); _nop_();
            RightLaunch=0;
            _nop_(); _nop_(); _nop_(); _nop_(); _nop_(); _nop_();
            _nop_(); _nop_(); _nop_(); _nop_(); _nop_(); _nop_();
        }
    }

    void Launch(void)
    {
        IRLaunch('R');
        irDetectRight = RightIR;                        //右边接收
        IRLaunch('L');
        irDetectLeft = LeftIR;                          //左边接收
    }
```

头文件 Move.h，顾名思义，主要用于保存机器人运动子函数。与以往例程不同的是，该头文件保存时用到了结构体变量：

```
    struct
    {
        int pulseLeft;
        int pulseRight;
        char counter;
    }Forward={1700,1300},
    LeftTurn={1300,1300,26},
    RightTurn={1700,1700,26},
```

```
Backward={1300,1700,26};

void For_Ward(void)
{
    P1_1=1;
    delay_nus(Forward.pulseLeft);
    P1_1=0;
    P1_0=1;
    delay_nus(Forward.pulseRight);
    P1_0=0;
    delay_nms(20);
}
void Left_Turn(void)
{
    int i;
    for(i=1;i<= LeftTurn.counter;i++)
    {
        P1_1=1;
        delay_nus(LeftTurn.pulseLeft);
        P1_1=0;
        P1_0=1;
        delay_nus(LeftTurn.pulseRight);
        P1_0=0;
        delay_nms(20);
    }
}
void Right_Turn(void)
{
    int i;
    for(i=1;i<=RightTurn.counter;i++)
    {
        P1_1=1;
        delay_nus(RightTurn.pulseLeft);
        P1_1=0;
        P1_0=1;
        delay_nus(RightTurn.pulseRight);
        P1_0=0;
        delay_nms(20);
    }
}
void Back_Ward(void)
```

```
{
    int i;
    for(i=1;i<= Backward.counter;i++)
    {
        P1_1=1;
        delay_nus(Backward.pulseLeft);
        P1_1=0;
        P1_0=1;
        delay_nus(Backward.pulseRight);
        P1_0=0;
        delay_nms(20);
    }
}
```

该头文件在定义一个结构体的同时又定义了 4 个变量 Forward、LeftTurn、RightTurn 和 Backward，用于存储机器人运动的相关信息：左轮脉冲数——int pulseLeft；右轮脉冲数——int pulseRight；循环次数——char counter。

对结构变量成员的引用按照规则为结构变量名.成员名，如 delay_nus（Backward.pulseLeft）。

说明

虽然头文件定义了后退子函数，但由例程的行为控制策略可以看出，当机器人两边红外传感器均检测到障碍物时，机器人左转两次避开后再前进，并没有使用后退子函数。当然，你可以改变机器人的行为控制策略。

机器人前进及左转如图 9-3 所示。

（a）前进

（b）左转

图 9-3　机器人前进及左转

该你了

- 采用结构体及头文件的方式更改第 4 讲中的例程 RoamingWithWhiskers.c；
- 使用后退子函数，更改机器人行为控制。

任务 2　智能机器人的行为控制策略和编程

本讲的主要内容是基于多传感器信息的机器人导航。其实，通过前面几讲的学习，你已经掌握了基于单一传感器信息的机器人导航，本任务的目的是将触觉传感器和红外传感器信息进行综合判断处理，最后将传感器及导航信息在 LCD 上显示。

- 按图 9-4 所示搭建机器人，触觉及红外电路的搭建分别参考图 4-3 和图 5-3；
- 搭建 IR 组时，可适当将红外发光二极管向两边偏移，减小两只红外发光二极管检测区域的重叠部分。

图 9-4　多传感器智能机器人

“优先级”这个概念你一定不会陌生。人们在工作和生活中往往要处理各种事务，这些事务有轻重缓急之分，时间紧、迫在眉睫的事务要先处理，它们的优先级最高，等这些事务处理完之后再处理其他事务，在其他事务中也有需要先处理的，则它的优先级就高。如果事务一样重要，则按时间的先后顺序依次完成。

在智能机器人里，引入了两种传感器——“胡须”传感器和红外传感器。那么，它们的优先级谁高谁低呢？

你不妨想象一下：你是先处理手边近在眼前的事情，还是处理等会要做的事情？

同理，“胡须”传感器和红外传感器同时检测到了障碍物，机器人应该怎样做呢？“胡须”传感器检测到的障碍物近在眼前，而红外传感器检测到的障碍物距机器人还有一定的距离，那么机器人理所当然地应该先处理“胡须”传感器事件，所以“胡须”传感器的优先级比红外传感器的优先级要高。两种传感器检测区域示意图如图 9-5 所示。

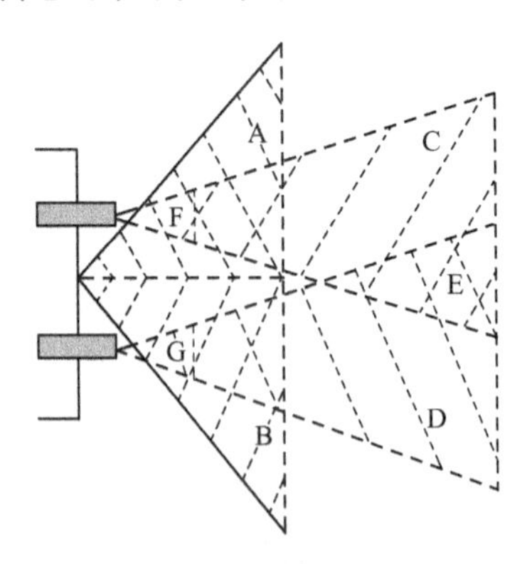

图 9-5　两种传感器检测区域示意图

“胡须”传感器的检测区域为 A 和 B，检测距离虽然短，但优先级比红外传感器高。

红外传感器的检测区域为 C 和 D，呈喇叭形，检测距离远，范围广；区域 E 为两者共同检测区；F 和 G 分别为两者的盲区。

根据传感器的优先级，可以制定机器人行为控制策略。左、右“胡须”传感器状态分别由 P2_3 和 P1_4 获得；左、右红外传感器状态分别由 P1_2 和 P3_5 获得。假如这 4 个状态值分别是某一变量的高 4 位和低 4 位，则根据这一变量的值就可以判断机器人的状态，并制定出相应的行为策略，见表 9-1。

表 9-1　传感器状态组合及行为控制

左“胡须” P2_3	右“胡须” P1_4	左红外 P1_2	右红外 P3_5	状态值 state	行为策略
1	1	1	1	15	前进
0	0	x	x	0～3	后退再左转两次
0	1	x	x	4～7	后退再右转
1	0	x	x	8～11	后退再左转
1	1	0	0	12	右转两次

续表

左“胡须” P2_3	右“胡须” P1_4	左红外 P1_2	右红外 P3_5	状态值 state	行为策略
1	1	0	1	13	右转
1	1	1	0	14	左转

注：x 表示 0 或 1。

通过判断 state 的大小就可以知道是哪个传感器检测到了信息。

例程：NavigationWithSensors.c

```
#include <AT89X52.h>
#include <BoeBot.h>
#include <IR.h>
#include <Whisker.h>
#include <Move.h>
#include <LCD.h>

int main(void)
{
    int a,b,c,d,state;              //状态值
    LCM_Init();                     //LCD 初始化
    while(1)
    {
        a = P2_3state();            //左边“胡须”传感器状态
        b = P1_4state();            //右边“胡须”传感器状态
        c = irDetectLeft;           //左边红外传感器状态
        d = irDetectRight;          //右边红外传感器状态
        state = 2*2*2*a + 2*2*b + 2*c + d;

        Launch();
        switch(state)
        {
            case 15:Display_List_Char(0, 0, "No Sensor Detect");
                Display_List_Char(1, 0, "Forward         ");
                For_Ward();     //没有检测到障碍物
                break;
            case 0:
            case 1:
```

```
                case 2:
                case 3:Display_List_Char(0, 0, "Both Whiskers     ");
                       Display_List_Char(1, 0, "B and L Twice     ");
                       Back_Ward();    //两边“胡须”传感器均检测到，后退再左转两次
                       Left_Turn();
                       Left_Turn();
                       break;
                case 4:
                case 5:
                case 6:
                case 7:_List_Char(0, 0, "L Whisker Detect");
                       Display_List_Char(1, 0, "Back and Right   ");
                       Back_Ward();    //左边“胡须”传感器检测到，后退再右转
                       Right_Turn();
                       break;
                case 8:
                case 9:
                case 10:
                case 11:Display_List_Char(0, 0, "R Whisker Detect");
                       Display_List_Char(1, 0, "Back and Left     ");
                       Back_Ward();    //右边“胡须”传感器检测到，后退再左转
                       Left_Turn();
                       break;
                case 12:_List_Char(0, 0, "Both IRs Detect ");
                       Display_List_Char(1, 0, "Turn Right Twice");
                       Right_Turn();    //两边红外传感器均检测到，右转两次
                       Right_Turn();
                       break;
                case 13:_List_Char(0, 0, "L IR Detect        ");
                       Display_List_Char(1, 0, "Turn Right          ");
                       Right_Turn();    //左边红外传感器检测到，右转
                       break;
                case 14:_List_Char(0, 0, "R IR Detect        ");
                       Display_List_Char(1, 0, "Turn Left           ");
                       Left_Turn();     //右边红外传感器检测到，左转
                       break;
            }
        }
    }
```

NavigationWithSensors.c 是如何工作的

程序使用 4 个变量 a、b、c 和 d 来保存左、右“胡须”传感器及左、右红外传感器的值：

```
a = P2_3state();         //左边“胡须”传感器状态
b = P1_4state();         //右边“胡须”传感器状态
c = irDetectLeft;        //左边红外传感器状态
d = irDetectRight;       //右边红外传感器状态
```

将这 4 个值组成一个新的变量——机器人状态变量 state：

```
state = 2*2*2*a + 2*2*b + 2*c + d;
```

其中，左边“胡须”传感器状态 a 为最高位（第 4 位），右边“胡须”传感器状态 b 为第 3 位，左、右红外传感器状态 c 和 d 分别为第 2 位和最低位。

用 switch 分支选择语句来实现机器人的行为控制时，程序如何体现“胡须”传感器的高优先级呢？首先回顾一下 switch 语句的结构：

```
switch(表达式)
{
     case 常量表达式 1:   语句 1;
     case 常量表达式 2:   语句 2;
    …
    case 常量表达式 n:   语句 n;
    default :   语句 n+1;
}
```

switch 是根据“表达式”的值是否与“常量表达式”的值相等来工作的，假如“表达式”的值与“常量表达式 n-1”相等，而“常量表达式 n-1”的后面没有提供“语句 n-1”且没有使用 break 跳出选择，则执行下个 case，即“语句 n”。

例如，当 state 的值为 0、1 或 2 时，由于 case 为 0、1 或 2 时后面均没有语句，则执行 case 为 3 后面的语句，对应的实际情况是，当两边“胡须”传感器均检测到障碍物（case = 3）时，不论有无红外传感器信息（case = 0、1、2），均执行后退再左转两次动作。其余情况与此类似。

在前面的一些例程中，均使用 if 语句来实现机器人导航，由于判断情况较少，故 if 语句可以满足要求。在智能机器人导航中，须判断多个传感器信息，如果再使用 if 语句，则程序会非常冗长。而采用 switch 语句，可以大大简化程序。

例程中又增加了一个头文件 Whisker.h，用于保存“胡须”传感器状态，内容如下：

```
    int P1_4state(void)      //获取 P1_4 的状态，右边“胡须”传感器
{
    return (P1&0x10)?1:0;
}
    int P2_3state(void)      //获取 P2_3 的状态，左边“胡须”传感器
{
    return (P2&0x08)?1:0;
}
```

该你了

- 用 if 语句实现机器人的行为控制；
- 与例程 IRRoamingWithWithStructLCDDisplay.c 相比，LCD 显示相关信息之后，并没有用到 0.5s 延时，为什么呢？添加延时后再观察实验效果。

工程素质和技能归纳

1. 学会结构体、结构体变量的说明。
2. 掌握结构体变量在导航中的应用。
3. 复习头文件及 switch 语句。
4. 掌握基于多传感器信息的机器人导航。

科学精神的培养

1. 查找相关资料，找出结构体的其他用法。
2. 比较多传感器信息导航与单传感器信息导航的区别与联系。

第 10 讲　机器人循线竞赛

学习情境

在现代化的工厂里经常可以看到一种自动化程度很高的小车——无人搬运车（Automated Guided Vehicle，AGV），它们能在生产车间内往复穿梭搬运原料，不需要驾驶员的操作便可以按规定的路径行驶。

工业应用中的AGV一般利用电磁或光学设备依循地上的电磁轨道等给出的信息来移动。本讲利用手中的两轮机器人加上QTI循线传感器来制作一个简单的AGV——线跟踪机器人，进行机器人游中国的比赛。通过比赛来学习如何设计和制作线跟踪机器人，并对其编程完成比赛任务，成绩优胜者可以代表学校参加中国教育机器人大赛的全国总决赛。通过该比赛任务，你可以学习和掌握以下技能。

（1）QTI循线传感器工作原理。

（2）QTI循线传感器通信接口和安装。

（3）QTI循线传感器的测试程序编写。

（4）多分支结构程序设计——基于QTI循线传感器反馈信息进行决策。

（5）综合循环结构和多分支结构编写程序，实现机器人游中国的循线任务，进行比赛。

竞赛任务

机器人游中国是中国教育机器人大赛设立的趣味比赛项目，基本任务是设计一个基于 8 位单片机的小型舵机轮式机器人，从比赛场地的起始点出发，游遍所有景点，然后返回起始点。每年的比赛场地和规则都会由竞赛技术委员会进行修改，以使比赛能够持续保持生命力。但是总体的任务都是要求参赛机器人按比赛场地道路轨迹移动或者自主移动，在规定时间内游历尽量多的景点，获得尽量多的分数。如果两个机器人获得的分数相等，则完成任务用时较少的机器人更优。中国教育机器人大赛中的机器人游中国的比赛场地如图 10-1 所示。

初级的比赛在每个景点的上面放置一个景点指示牌，机器人可以通过触碰该指示牌确定是否到达一个景点。高级的比赛可以通过颜色或者 RFID 标签来分辨机器人到达了哪个景点，再开始游览下一个景点。更高级的比赛没有黑色的引导线，且要求机器人到达景点后与景点的自动语音设备互动，并等景点介绍完后才能继续游览下一个景点。可见，该比赛充满挑战并富有趣味。本讲将从初级比赛开始介绍。

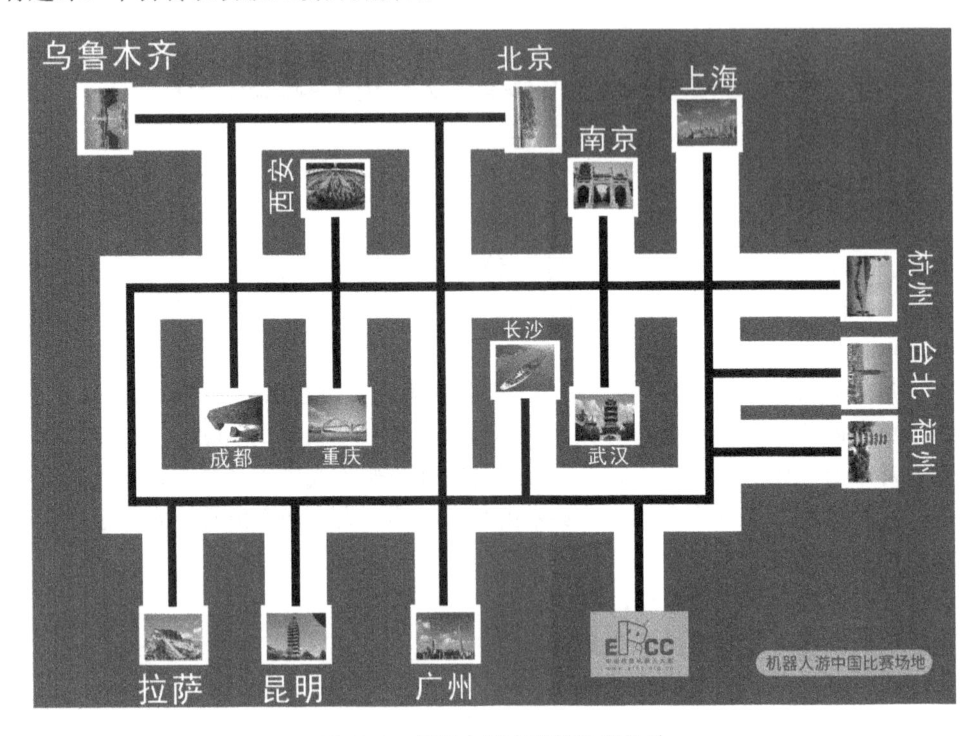

图 10-1　机器人游中国的比赛场地

任务 1　QTI 传感器及其通信接口

图 10-2　QTI 传感器

本讲使用的 QTI（Quick Track Infrared）传感器如图 10-2 所示。当 QTI 传感器探测到黑色物体时，输出高电平（+5V）；当 QTI 传感器探测到白色物体时，输出低电平（0V）。

QTI 传感器的特性使其很适合用在巡线、迷宫导航、探测场地边缘等应用项目中。

本讲所用 QTI 传感器的性能参数如下：

- 工作温度：-40～85℃；
- 工作电压：5V；
- 连续电流：50mA；
- 功耗：100mW；

- 最佳探测距离：5～10mm；
- 最佳距离下最大散射角度：65°；
- 响应时间：上升沿时间 10μs，下降沿时间 50μs。

QTI 传感器的引脚如图 10-3 所示，将传感器上的光电管面对你摆放的时候，如图 10-3（a）所示，从上到下 3 个引脚依次为 GND、VCC、SIG；其背面有具体的标记，如图 10-3（b）所示。具体定义如下：

- GND：电源地线；
- VCC：5V 直流电源；
- SIG：信号输出。

（a）正面

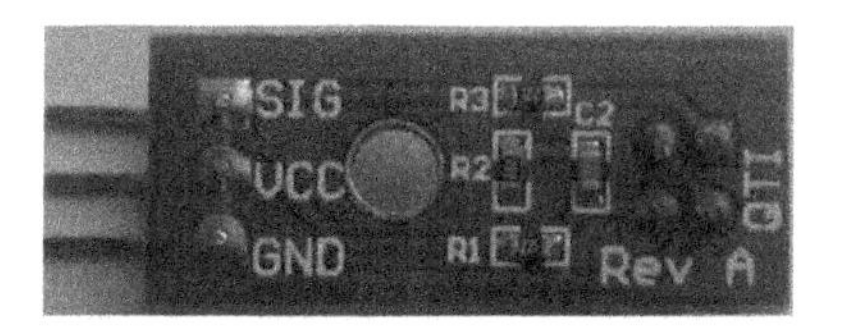

（b）背面

图 10-3　QTI 传感器的引脚

任务 2　安装 QTI 传感器到机器人前端

本书使用的 QTI 循线套件中包含 4 个 QTI 传感器。要使两轮机器人完成线跟踪任务，最少需要使用两个，当然也可以使用三个或者四个，甚至更多。使用不同数目的 QTI 传感器可以获得不同的线跟踪性能。这里将 4 个 QTI 传感器全部安装到两轮机器人上。

首先，将 4 个 QTI 传感器分别用 M3 螺钉固定到开槽杆件上，具体的固定方式如图 10-4 所示。

图 10-4　将 QTI 传感器固定到开槽杆件上

接着，将 QTI 传感器安装模组固定到机器人前端，具体方式如图 10-5 所示。然后用套件中附带的 3PIN 杜邦线和 3PIN 插针将 QTI 传感器的引脚连接到机器人的教学板上，将所有 QTI 传感器的 GND 连接至教学板上的 GND，VCC 连接到教学板上的+5V，SIG 连接到 C51 单片机的 4 个 I/O 口上，这里按照面对机器人从左到右的顺序，分别连接到 P0_4、P0_5、P0_6、P0_7，如图 10-5 所示。QTI 传感器输出接口与教学板的连接如图 10-6 所示。

图 10-5　安装好的 QTI 传感器

图 10-6　QTI 传感器输出接口与教学板的连接

任务 3　编写 QTI 传感器的测试程序

连接好电路以后，我们要编写一个测试程序，以检查各个 QTI 传感器是否连接正确，并能够正常工作。参考“胡须”传感器测试程序和红外传感器测试程序，编写 QTI 传感器测试程序，实现如下功能：

- 读取每个 QTI 传感器引脚的电平；
- 将读取的结果通过串口送至 PC 进行显示。

测试程序： Test4QTI.c

```
#include <Boebot.h>
#include <uart.h>

int P0_4_state(void)                    //获取 P0_4 的状态
{
      return(P0&0x10)?1:0;
}

int P0_5_state(void)                    //获取 P0_5 的状态
{
      return (P0&0x20)?1:0;
}

int P0_6_state(void)                    //获取 P0_6 的状态
{
      return (P0&0x40)?1:0;
}

int P0_7_state(void)                    //获取 P0_7 的状态
{
      return (P0&0x80)?1:0;
}

int main(void)
{
      uart_Init();                      //串口初始化
      printf("Program Running!\n");     //在调试窗口显示一条信息

      while(1)
      {
            printf("QTIL= %d ",P0_7_state());
            printf("QTIM1= %d ",P0_6_state());
            printf("QTIM2= %d",P0_5_state());
            printf("QTIR= %d\n",P0_4_state());
            delay_nms(500);
      }
}
```

Test4QTI.c 是如何工作的

程序首先进行串口初始化，然后将 P0_7、P0_6、P0_5 和 P0_4 的 I/O 口的状态送入串口，这里的左中右是按照机器人本身的方向确定的。此时若已经将机器人与 PC 的串口连接，打开串口调试工具，便可以在软件界面看到如图 10-7 所示的画面。

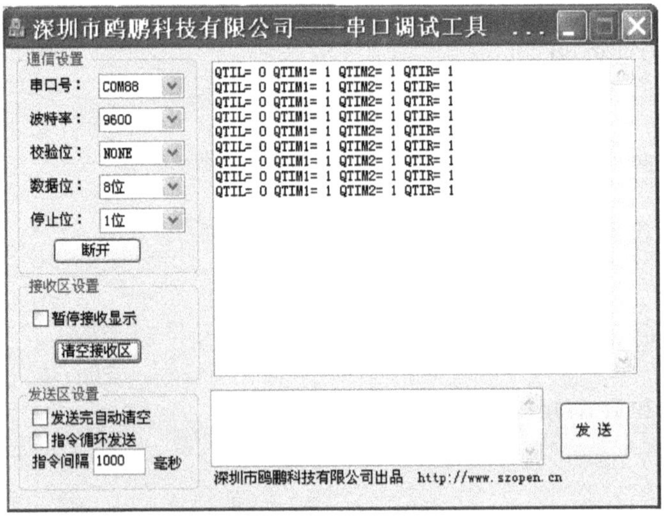

图 10-7　PC 串口调试界面

将以上 QTI 传感器测试程序编译、连接下载到单片机中。

如果有 6 个或者更多个 QTI 传感器，也可以用同样的办法进行测试。不过，通过比较不难发现，以上程序过于冗长，4 个检测 QTI 传感器返回值的子函数结构一样，完全可以用一个简洁的程序完成 4 个或者更多个传感器的状态检测。

由于 4 个 QTI 传感器分别接至 P0 端口的 4、5、6 和 7 号引脚，所以 4 个引脚的状态可以通过以下 1 个函数获得。

```
int Get_4QTI_State(void)
{
      return P0&0xf0;
}
```

机器人的轨迹引导线必须足够黑，以便能吸收传感器发出的红外光。机器人游中国的场地推荐使用厂家生产的标准比赛场地。如果没有标准比赛场地，则可以在桌面上或者白色的招贴板上，按照场地的尺寸贴上黑色电工胶布，然后对安装好的循线传感器进行测试，看其是否能够正常工作。

测试时依次让各 QTI 传感器处于黑色引导线的上方，观察串口调试工具中显示的状态有没有 0、1 的变化。当某个 QTI 传感器处于白色表面上为 0，处于黑线上为 1 时，则该 QTI 传感器正常。若显示始终不变化，则须检查该 QTI 传感器的接线是否正确或者该 QTI 传感器是否有问题。

当确认每个 QTI 传感器都工作正常后，下面就要检测传感器的安装位置是否能够检测出足够多的场地状态，并能够将它们可靠地分辨出来。分析图 10-1 所示的场地，得到以下各种特征的路径：直线段、左转 90° 弯口、右转 90° 弯口、十字路口和丁字路口，最后还有开始点和各个景点。4 个 QTI 传感器总共有 16 个状态，通过调整这 4 个 QTI 传感器的相对位置，完全可以识别直线段、左转 90° 弯口、右转 90° 弯口和丁字路口，十字路口的特征与丁字路口一样，暂不能区分两种路口。调整 4 个 QTI 传感器的相对位置（间距），让其返回值具有如下特征：

- 直线段：中间 2 个或者 1 个 QTI 传感器能够检测到黑色，表示机器人在黑线上方；而当左边 1 个或者 2 个、右边 2 个或者 1 个检测到黑色时，表示机器人偏离了黑线。
- 左转 90° 弯口：左边的 3 个 QTI 传感器检测到黑线。
- 右转 90° 弯口：右边的 3 个 QTI 传感器检测到黑线。
- 丁字路口或十字路口：4 个 QTI 传感器都检测到黑线。
- 开始点和各个景点：4 个 QTI 传感器都检测到白色。

必须通过测试使 QTI 传感器的返回值具有上述特征，否则后面的程序就不能正常工作。

注意：由于 QTI 传感器对表面材质和距离表面的高度比较敏感，如果出现传感器没有反应的情况，首先检查传感器距离表面的高度是否为 5～10mm，一旦超出这个范围，QTI 传感器就不能正常工作了。如果检查发现安装高度超出这个范围，则可以通过增加垫圈的方式降低安装高度，或者使用更短的螺柱来增加高度。此外，循线时要确保场地表面平整，不平整的地面会使传感器距离表面的高度出现较大的变化，从而使传感器在运动过程中出现错误，影响机器人的正常运行。

当确定所有 QTI 传感器正常工作后，便可以继续进行后续的任务：设计算法，让机器人循线前进。

所谓算法，就是完成一项任务的操作步骤。做任何事情都有一定的步骤，无论是人还是计算机。程序设计的过程就是根据要完成的任务，确定计算机可以实现的操作步骤的过程。完成程序设计，就是通过分析任务要求和计算机所能实现的基本操作，设计出操作步骤以完成任务。

任务 4　设计算法实现机器人无接触传感器游中国

如果机器人没有安装“胡须”传感器，则可以通过判断 4 个 QTI 传感器是否全部检测到白色来确定机器人是否到达了某个景点。当机器人到达某个景点时，机器人直接掉头。根据传感器的安装方式和检测值，不难确定机器人线跟踪算法。

（注意：以下算法描述中的左、右概念是相对于机器人自身前进方向而言的。）

（1）检测 4 个传感器的返回值。

（2）根据传感器的返回值，决定机器人的运动方式。

- 如果中间任何 1 个或者 2 个传感器检测到黑线，左、右 2 个传感器都没有检测到黑线，则机器人前进 1 步；
- 如果最左边的 2 个传感器检测到黑线，另外 2 个传感器没有检测到黑线，则机器人左转 1 小步；
- 如果最左边的 1 个传感器检测到黑线，另外 3 个传感器没有检测到黑线，则机器人左转 1 步；
- 如果左边的 3 个传感器检测到黑线，另外 1 个传感器没有检测到黑线，则机器人左转 90°；
- 如果右边的 3 个传感器检测到黑线，另外 1 个传感器没有检测到黑线，则机器人右转 90°；
- 如果最右边的 2 个传感器检测到黑线，另外 2 个传感器没有检测到黑线，则机器人右转 1 小步；
- 如果最右边的 1 个传感器检测到黑线，另外 3 个传感器没有检测到黑线，则机器人右转 1 步；
- 如果 4 个传感器都检测到黑色，则机器人右转 90°；
- 如果 4 个传感器都检测到白色，则机器人掉头；
- 如果传感器的检测值出现其他的情况，则机器人停止运动。

（3）不断重复步骤（1）和步骤（2）。

可以将步骤（2）的算法用表 10-1 来进行更详细的说明。

表 10-1　使用 4 个 QTI 传感器的循线策略

P0_7	P0_6	P0_5	P0_4	策　略
1	0	0	0	左转 1 步
1	1	0	0	左转 1 小步
1	1	1	0	左转 90°

续表

P0_7	P0_6	P0_5	P0_4	策　略
0	1	0	0	前进1步
0	1	1	0	前进1步
0	0	1	0	前进1步
0	1	1	1	右转90°
0	0	1	1	右转1小步
0	0	0	1	右转1步
1	1	1	1	右转90°
0	0	0	0	180°掉头
其他				停止

使用if语句可以实现以上算法程序，但是要用到许多的if语句和条件判断，程序的可读性和可维护性比较差。这里使用C语言提供的switch语句来编写程序，实现上述机器人游中国的算法程序。

例程：RobotTourChina.c

```
#include <uart.h>
#include <BoeBot.h>

int right90Steps=48;                    //右转90°的脉冲数
int left90Steps=48;                     //左转90°的脉冲数
int UTurnSteps=48;                      //180°掉头的脉冲数

int Get_4QTI_State(void)
{
    return P0&0xf0;
}
void MoveAStep(int LeftP,int RightP)
{
    P1_1=1;
    delay_nus(LeftP);
    P1_1=0;
    P1_0=1;
    delay_nus(RightP);
```

```
        P1_0=0;
        delay_nms(20);
    }

    void RightTurn(int steps)
    {
    int i;
    for(i=0;i<steps;i++)
        MoveAStep(1700,1500);
    }

    void LeftTurn(int steps)
    {
    int i;
    for(i=0;i<steps;i++)
        MoveAStep(1500,1300);
    }

    void Rotate(int steps)
    {
    int i;
    for(i=0;i<steps;i++)
        MoveAStep(1700,1700);
    }

    void Backward(int steps)
    {
    int i;
    for(i=0;i<steps;i++)
        MoveAStep(1300,1700);
    }

    void Follow_Line(void)
    {
        int QTIState;
        int LeftPulse,RightPulse;

        QTIState=Get_4QTI_State();
        printf("4QTI= %4d ",QTIState);
```

```
    switch(QTIState)
    {
        case 0x10:    LeftPulse=1700;                    //右转
                      RightPulse=1700;
                      break;
        case 0x30:    LeftPulse=1700;
                      RightPulse=1500;                   //小幅右转
                      break;
        case 0x20:    LeftPulse=1700;                    //前进
                      RightPulse=1300;
                      break;
        case 0x40:    LeftPulse=1700;                    //前进
                      RightPulse=1300;
                      break;
        case 0x60:    LeftPulse=1700;                    //前进
                      RightPulse=1300;
                      break;
        case 0x80:    LeftPulse=1300;                    //左转
                      RightPulse=1300;
                      break;
        case 0xc0:    LeftPulse=1500;                    //小幅左转
                      RightPulse=1300;
                      break;
        case 0xe0:    LeftTurn(left90Steps);             //左转 90°
                      LeftPulse=1500;
                      RightPulse=1500;
                      break;
        case 0x70:    RightTurn(right90Steps);           //右转 90°
                      LeftPulse=1500;
                      RightPulse=1500;
                      break;
    }
    MoveAStep(LeftPulse,RightPulse);
    }

void main(void)
{
    uart_Init();                                         //串口初始化
    printf("Program Running!\n");                        //在调试窗口显示一条信息
```

```
        while(1)
        {
          Follow_Line();
        }
    }
```

RobotTourChina.c 是如何工作的

在程序开始处先定义 3 个全局变量，作为机器人 3 种典型动作的变量。

```
int right90Steps=48;                    //右转 90° 的脉冲数
int left90Steps=48;                     //左转 90° 的脉冲数
int UTurnSteps=48;                      //180° 掉头的脉冲数
```

之所以称为全局变量，是因为这些变量定义在所有函数之外，可以为本程序中的所有函数所共用。全局变量又称外部变量或全程变量，它的有效范围从定义变量的位置开始到本源程序结束。相应地，在一个函数内部定义的变量就是局部变量，它只在本函数范围内有效，也就是说，只有在本函数范围之内才能使用它。例如，函数 Follow_Line( )中定义的变量只能在该函数内部使用。

int 是 C 语言定义的一种标准整型数据。定义 3 个全局变量并进行初始化赋值，是为了后续调试程序方便。机器人在使用过程中，会因为电池电量的消耗而影响运动速度，即使机器人执行的是同一个控制程序，伺服电机收到的是同样的控制指令，但执行结果可能因为伺服电机获得能量不同而有所差别。此时可以稍微调整运动的步数，使机器人的运动不致出现较大的偏差。更直观地说，在使用新电池、电量充沛时，这 3 个变量都是 48，如果电量消耗较大导致机器人不能运动到位，则可以略微调大这 3 个变量，如将其调整为 49。当然，最终数据都要依赖于最终的实验结果。

int Get_4QTI_State(void)函数直接采集 4 个 QTI 传感器的状态：将 P0 口输入寄存器状态与 0xf0 做与运算，选择 P0_4、P0_5、P0_6 和 P0_7 四位，将其他位置 0，得到一个 8 位二进制数，并将结果放在 8 位整型数据的高 4 位，直接返回。

void MoveAStep(int LeftP,int RightP)函数定义机器人最基本的运动动作，它的两个形式参数组合可以涵盖机器人所有的基本动作。

随后的 4 个函数定义了机器人完成任务所需的 4 种基本运动：以右轮为支点右转 RightTurn；以左轮为支点左转 LeftTurn；以中心为轴旋转 Rotate；后退 Backward。每个函数都用一个形式参数定义运动的大小。这样，这 4 个函数就可以完成各种不同步数的基本运动了。

子函数 Follow_Line ()是整个算法的核心，它首先定义 3 个局部变量：

```
int QTIState;
int LeftPulse,RightPulse;
```

第一个变量用于存储 QTI 传感器的状态，后面两个变量用于存储机器人两个车轮的转速（也可以看作步长）。随后通过语句 QTIState=Get_4QTI_State(); 调用 QTI 传感器检测函数，将返回结果直接存储在局部变量 QTIState 中。后面的 printf 语句作调试之用，通过串口调试助手可以检查 QTI 传感器的返回值是否正常。调试好后，这条语句可以去掉。随后的 switch 语句依据 QTI 传感器返回的 8 位二进制数判断机器人的动作策略，决定前进、转弯还是掉头等。

在 switch 语句中，多个 case 语句可以共用一组执行语句。例如，程序中 0x20、0x40 和 0x60 后面的语句都一样，可以简写为：

```
case 0x20 :
case 0x40:
case 0x60 : LeftPulse=1700;
RightPulse=1300;
break;
```

还有一点需要注意，各 case 语句和 default 语句的出现顺序不影响程序的执行结果。

此外，语句中每个 case 后面的常量数据前都有 0x，它表示该数据是 1 个十六进制数据。十六进制数据与二进制数据容易相互转换，只要将二进制数据从低位到高位的每 4 位二进制数转成 1 位十六进制数即可。

在 switch 语句后调用一次 MoveAStep()执行决策结果，让机器人完成循线运动。

最后的主程序很简单，就是不断地调用 Follow_Line()子程序。

执行调试

首先，将 RobotTourChina.c 输入计算机中保存起来，并创建工程将其加入，编译、连接生成 HEX 文件；然后，应用 Progisp 单片机下载编程软件，将 HEX 可执行文件下载到单片机上，下载时要先将连接到 P1_6 和 P1_7 上的 QTI 传感器插针断开，才能正常下载；下载完成后就可以调试机器人了。

如果 QTI 传感器工作正常，只要在调试过程中根据电池电量的情况调整几个全局变量的初始值，就能够让机器人在场地上进行游中国的活动了。在游中国的调试过程中，会发现机器人存在以下几个问题。

① 机器人不能正常停下。

② 如果将机器人放到起始点，它将不能正常地启动，必须将 QTI 传感器放到黑线上才能正常启动。

③ 最要紧的是，如果传感器一切工作正常，不出意外，机器人并不能游览完所有景点：

它不会去武汉，但是会绕着西安不停运动，进入死循环后再也出不来。

④ 最麻烦的是，QTI 传感器会因为外界环境光的影响而导致灵敏度不一样。因此，每到一个新的光照环境下，都要对传感器的灵敏度进行测试，并调整其安装高度，让其能够正确识别算法中的各种状态。

问题①～③可以通过修改算法得到很好的解决，问题④则要调整传感器的安装位置才能解决。

任务 5　修改算法实现机器人游中国

解决问题①～③的一个简捷方法是让机器人能够跟踪和记录到过的景点，当到达一些特殊的路口位置时，能根据当前到过的景点采取同任务 4 算法中描述的不同动作。根据任务 4 中的基本算法，首先确定机器人游中国的顺序：起始点（深圳）→福州→台北→杭州→上海→南京→武汉→北京→乌鲁木齐→西安→重庆→成都→拉萨→昆明→广州→长沙→深圳（起始点）。

当然，你可以修改任务 4 中的算法，让机器人先从长沙或者广州开始游历。活动的最终目的是要看哪个机器人能够用最少的时间游历完所有的景点。这其实就是人工智能中的经典问题。

根据以上确定的机器人游历路线，按照任务 4 中的运动算法执行，算法须进行如下几处修改。

（1）当机器人从南京返回后，碰到十字路口不能右转，而应该直行。

（2）当机器人到达武汉返回后，碰到十字路口必须左转，而不能按照原来的默认情况右转。

（3）当机器人从北京返回后，碰到两个有左转的丁字路口都必须直行，不能左转。

（4）当机器人从乌鲁木齐返回后，碰到第 1 个十字路口必须左转，而不是右转，碰到第 2 个十字路口仍旧要左转到达西安。

（5）当机器人从西安返回后，碰到十字路口必须直行，而不能右转。

（6）当机器人从重庆返回后，碰到十字路口必须左转，而不是右转。

（7）当机器人从重庆返回在第 1 个十字路口左转后前进碰到第 2 个十字路口时，应继续左转到达成都。

（8）当机器人从成都返回后碰到第 1 个十字路口时，只能左转。

（9）当机器人从长沙返回后碰到第 1 个十字路口时，必须左转。

（10）当机器人到达深圳后必须停止，不能继续运动。

将以上需要修改的部分添加到任务 4 的算法中，得到下面解决机器人游中国的一个通用算法。

（1）检测4个QTI传感器的返回值。

（2）根据4个QTI传感器的返回值决定机器人的运动方式如下。

① 如果中间任何1个或者2个传感器检测到黑线，左、右2个传感器都没有检测到黑线，则机器人前进1步。

② 如果最左边的2个传感器检测到黑线，另外2个传感器没有检测到黑线，则机器人左转1小步。

③ 如果最左边的1个传感器检测到黑线，另外3个传感器没有检测到黑线，则机器人左转1步。

④ 如果左边的3个传感器检测到黑线，另外1个传感器没有检测到黑线，则继续进行下面的判断：如果机器人不是从北京返回的路上，则左转90°；否则让机器人直行一小段距离跳过该路口。

⑤ 如果右边的3个传感器检测到黑线，另外1个传感器没有检测到黑线，则机器人右转90°。

⑥ 如果最右边的2个传感器检测到黑线，另外2个传感器没有检测到黑线，则机器人右转1小步。

⑦ 如果最右边的1个传感器检测到黑线，另外3个传感器没有检测到黑线，则机器人右转1步。

⑧ 如果4个传感器都检测到黑线，则表示机器人到达1个十字路口，应进行如下判断：

- 如果是从南京返回，则让机器人直行通过该路口；
- 如果是从武汉返回，则让机器人左转90°；
- 如果是从乌鲁木齐返回，则让机器人左转90°（执行2次）；
- 如果是从西安返回，则让机器人直行通过该路口；
- 如果是从重庆返回，则让机器人左转90°（执行2次）；
- 如果是从成都返回，则让机器人左转90°；
- 如果是从长沙返回，则让机器人左转90°；
- 如果是其他情况，则让机器人右转90°。

⑨ 如果4个传感器都检测到白色，则进行如下判断：

- 如果机器人刚开始运动，则直行一段距离；
- 如果机器人从长沙过来，则停止运动，任务完成；
- 否则，机器人做180°掉头，且标记已经到过的景点。

⑩ 如果传感器检测值出现其他情况，则机器人停止运动。

（3）不断重复步骤（1）和步骤（2），直到机器人到达深圳结束。

实现以上算法的关键是要时刻知道机器人的运行状态，即刚刚到达过哪个景点。这可以通过在源程序开始位置再定义一个全局变量来进行跟踪：

```
int whereamI=0;
```

同时定义一个穿越十字路口的脉冲数作为全局变量，便于调整：

```
int crossSteps=5;
```

增加一个前进的子函数：

```
void Forward(int steps)
{
    int i;
    for(i=0;i<steps;i++)
    MoveAStep(1700,1300);
}
```

这样便于调用线跟踪子程序。

有了以上补充定义，按照算法修改部分改写子程序 Follow_Line()。修改后的代码具体如下：

```
void Follow_Line(void)
{
    int QTIState;
    int LeftPulse,RightPulse;

    QTIState=Get_4QTI_State();
    printf("4QTI= %4d ",QTIState);
    switch(QTIState)
    {
        case 0x10:      LeftPulse=1700;             //右转
                        RightPulse=1700;
                        break;
        case 0x30:      LeftPulse=1700;
                        RightPulse=1500;            //小幅右转
                        break;
        case 0x20:      LeftPulse=1700;             //前进
                        RightPulse=1300;
                        break;
        case 0x40:      LeftPulse=1700;             //前进
                        RightPulse=1300;
                        break;
```

```
case 0x60:      LeftPulse=1700;                  //前进
                RightPulse=1300;
                break;
case 0x80:      LeftPulse=1300;                  //左转
                RightPulse=1300;
                break;
case 0xc0:      LeftPulse=1500;                  //小幅左转
                RightPulse=1300;
                break;
case 0xe0:
                if(whereamI==7)                  //从北京来
                     Forward(crossSteps);        //西安
                else
                     LeftTurn(left90Steps);      //左转 90°

                LeftPulse=1500;
                RightPulse=1500;
                break;
case 0x70:      RightTurn(right90Steps);         //右转 90°
                LeftPulse=1500;
                RightPulse=1500;
                break;
case 0xf0:                                       //十字路口
                switch(whereamI)
                {
                case 5:                          //南京
                case 9:    Forward(crossSteps);  //西安
                           LeftPulse=1500;
                           RightPulse=1500;
                           break;
                case 6:                          //武汉
                case 8:                          //乌鲁木齐
                case 10:
                case 11:
                case 15:
                             LeftTurn(left90Steps); //左转 90°
                             LeftPulse=1500;
                             RightPulse=1500;
                             break;
```

```
                default:    RightTurn(right90Steps);
                            LeftPulse=1500;
                            RightPulse=1500;
                            break;
                }
        case 0x00:                                              //到达某个景点
                switch(whereamI)
                {
                case 0:     Forward(crossSteps);                //起始点
                            break;
                case 15:    LeftPulse=1500;                     //结束点
                            RightPulse=1500;
                            break;
                default:    Rotate(UTurnSteps);                 //其他景点
                            whereamI++;
                            break;
                }
                default :   LeftPulse=1500;                     //停止
                            RightPulse=1500;
                            break;
        }
        MoveAStep(LeftPulse,RightPulse);
    }
```

注意：以上子程序中既用到了 switch 语句的嵌套，又用到了 switch 语句和 if 语句的复合。用修改好的子程序替换 RobotTourChina.c 中的相应子程序，进行编译、连接、下载和执行，只要传感器能够正常工作，整个程序就能够很好地完成机器人游中国的任务。当然，在竞赛时这并不一定是最佳方案。最佳方案需要通过计算来规划路径，使机器人用的时间最少，这也是该竞赛项目的主要目的。

从程序的执行逻辑来看，这个程序应该能够很好地完成机器人游中国的任务。但能否顺利地完成会受到许多偶然因素的影响，尤其是 4 个 QTI 传感器要区分 90° 的转弯和直行比较困难。在执行过程中，一丁点因素的影响都会导致机器人走乱，导致失败。因此，这个程序在某种程度上来说不具备竞赛的条件。有没有更可靠的解决方案呢？有两种方法可以提高程序的可靠性，一是增加 QTI 传感器的数量，帮助机器人更好地分辨出各种路口，但这种方法不能排除光线和环境对程序执行结果的影响；二是减少程序对传感器的依赖，使用数组来记录机器人的路径，从而实现机器人游中国。下面讨论如何利用数组来完成机器人游中国比赛的任务。

任务6　用数组实现机器人游中国比赛

第1种改进方案是增加QTI传感器的数量，让机器人能够更好地分辨出90°弯口和直线跟踪的状态。在4个QTI传感器的两边各增加1个QTI传感器，这样就有了6个QTI传感器，共有64个状态。要一一区分这64个状态与机器人位置之间的关系，须进行大量的测试。当然，可以采用一些比较简单的处理方法，因为真正有用的状态没有那么多。这个问题可以作为自己动手的课题，用业余时间去做。

第2种改进方案是减少对QTI传感器的依赖，只使用4个QTI传感器跟踪直线，不用分辨弯角，甚至十字路口和景点。任务5规划的路径全部通过数据体现出来，具体的算法描述如下。

（1）循线行走到第1个丁字路口，90°右转。

（2）循线行走到左转路口，90°左转。

（3）循线行走到右转路口，90°右转。

（4）循线行走到福州景点，调头。

（5）……

这样的算法没有体现任何的编程技巧，就是记流水账。但是在具体实现时可以采取一些技巧，让程序变得比任务5的程序更加简洁。这里需要用到数组，将整个行走路程中的直线段用到的步数存储起来，然后通过调用直线循线程序行走相应的步数，再转弯或者掉头后，再次调用直线循线程序行走下一段路程相应的步数，依此进行。

根据任务中规划的路径，可以确定完成机器人游中国的任务共需要46段直线循线行走程序，如图10-8所示。图10-8中给出了每一段路径的编号，因此，在程序开头定义了46个数据的短整数数组。

```
int TourSteps[46];
```

数组中按照机器人路径存储了每一段直线行走的步数。每一段的步数要根据实验确定。下面的初始化数组的数据没有经过测试，只是一个估计值，要在实际测试时进行修正。

```
//初始化数组
TourSteps[0]=65;                                    //测试值68
TourSteps[1]=12;
TourSteps[2]=6;
TourSteps[3]=TourSteps[4]=64;
TourSteps[5]=12;
TourSteps[6]=TourSteps[7]=64;
```

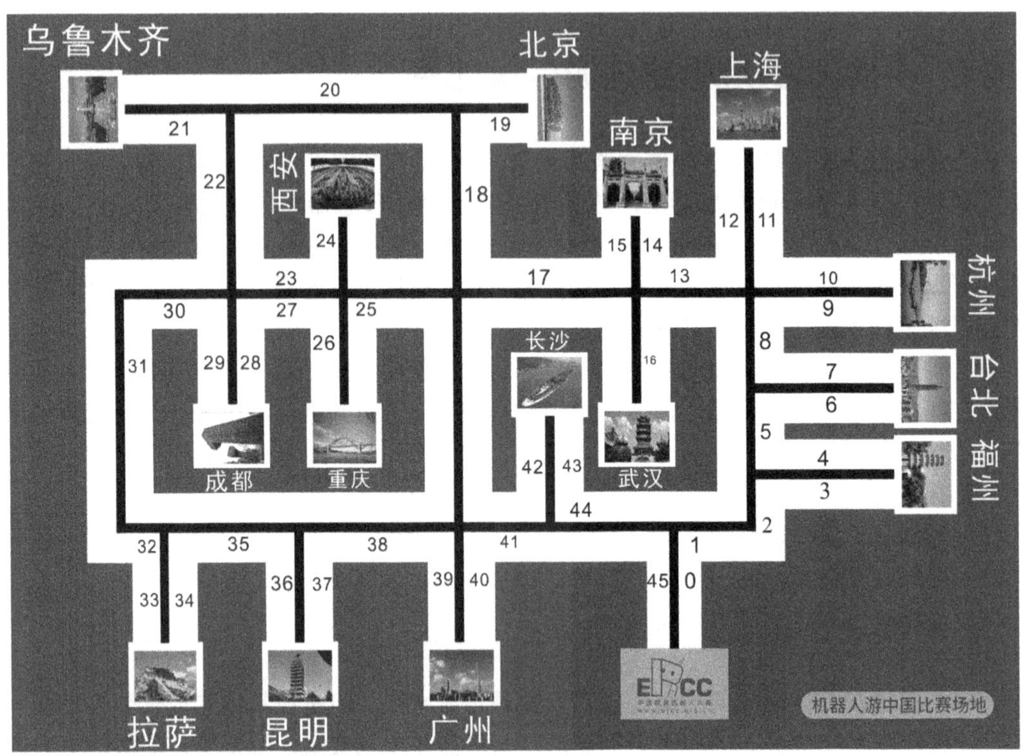

图 10-8　机器人游中国的线路规划图

```
TourSteps[8]=15;
TourSteps[9]=TourSteps[10]=64;
TourSteps[11]=TourSteps[12]=64;
TourSteps[13]=45;
TourSteps[14]=20;
TourSteps[15]=70;
TourSteps[16]=50;
TourSteps[17]=72;
TourSteps[18]=70;
TourSteps[19]=20;
TourSteps[20]=150;
TourSteps[21]=30;
TourSteps[22]=TourSteps[18];
TourSteps[23]=40;
TourSteps[24]=TourSteps[14];
TourSteps[25]=TourSteps[15];
```

```
TourSteps[26]=30;
TourSteps[27]=TourSteps[23];
TourSteps[28]=TourSteps[29]=TourSteps[16];
TourSteps[30]=50;
TourSteps[31]=70;
TourSteps[32]=10;
TourSteps[33]=TourSteps[34]=65;
TourSteps[35]=50;
TourSteps[36]=TourSteps[37]=65;
TourSteps[38]=60;
TourSteps[39]=TourSteps[40]=65;
TourSteps[41]=30;
TourSteps[42]= TourSteps[43]=40;
TourSteps[44]=30;
TourSteps[45]=65;
```

有了以上数据，实现算法的关键就是编写一个循线行走一个具体步数的子程序。子程序具体如下：

```
void FollowLine(int steps)
{
    int QTIState;
    int LeftPulse,RightPulse;

    do
    {
        QTIState=Get_4QTI_State();
        switch(QTIState)
        {
            case 0x70:
            case 0x10:      LeftPulse=1700;         //右转
                            RightPulse=1700;
                            break;
            case 0x30:      LeftPulse=1700;
                            RightPulse=1500;        //小幅右转
                            break;
            case 0x80:      LeftPulse=1300;         //左转
                            RightPulse=1300;
                            break;
```

```
                case 0xc0:
                case 0xe0:      LeftPulse=1500;         //小幅左转
                                RightPulse=1300;
                                break;
                default :       LeftPulse=1700;         //前进
                                RightPulse=1300;
                                steps--;
                                break;
            }
            MoveAStep(LeftPulse,RightPulse);

        }while(steps>0);
    }
```

有了以上数据和子程序，可以编写一个主程序来完成本任务中提出的机器人游中国的算法。

```
    void main(void)
    {
        int i;
        int TourSteps[46];                          //路径数组

        uart_Init();                                //串口初始化
        printf("Program Running!\n");               //在调试窗口显示一条信息

    …                                               //初始化数组，将前面的初始化数据放在此处
        for(i=0;i<46;i++)
        {
            FollowLine(TourSteps[i]);
            switch(i)
            {
                case 0:
                case 2:
                case 4:
                case 5:
                case 7:
                case 8:
                case 10:
                case 12:
```

```
case 13:
case 17:
case 18:
case 21:
case 32:
case 34:
case 35:
case 37:
case 38:
case 40:
case 44:
            RightTurn(right90Steps);
            break;
case 1:
case 16:
case 22:
case 23:
case 26:
case 27:
case 29:
case 30:
case 31:
case 41:
case 43:
            LeftTurn(left90Steps);
            break;
case 3:
case 6:
case 9:
case 11:
case 14:
case 15:
case 19:
case 20:
case 24:
case 25:
case 28:
case 33:
case 36:
```

```
                case 39:
                case 42:
                                Rotate(UTurnSteps);
                                break;
                default:        break;
            }
        }
    while(1);
}
```

将本任务中完成的 C 程序保存为 RobotTourWithArray.c，并为其创建工程，进行编译和连接。在编译过程中会发现，程序能够正常编译，但是在连接生成十六进制文件时出现警告和错误，如图 10-9 所示。

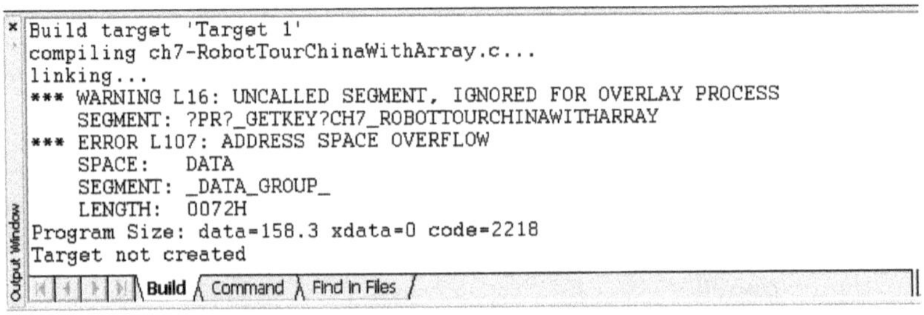

```
Build target 'Target 1'
compiling ch7-RobotTourChinaWithArray.c...
linking...
*** WARNING L16: UNCALLED SEGMENT, IGNORED FOR OVERLAY PROCESS
    SEGMENT: ?PR?_GETKEY?CH7_ROBOTTOURCHINAWITHARRAY
*** ERROR L107: ADDRESS SPACE OVERFLOW
    SPACE:   DATA
    SEGMENT: _DATA_GROUP_
    LENGTH:  0072H
Program Size: data=158.3 xdata=0 code=2218
Target not created
```

图 10-9　编译连接时出现错误提示信息

其中，ERROR L107: ADDRESS SPACE OVERFLOW 表示地址空间溢出。所谓溢出，就是超过了其存储容量。溢出的概念在介绍 C 语言的数据类型时已经提到。

紧接着的提示是具体溢出信息。SPACE：DATA 说明溢出的是数据空间，即数据地址空间溢出；SEGMENT: _DATA_GROUP_说明是数组段，即数据存储控制中用来存储数组的段落；LENGTH:0072H 给出了数据段长度信息，是一个十六进制数，转换成十进制数就是 7×16+2=114，即 114 字节长度。改变数组大小，如减少一个数据，则

```
int TourSteps[45];    //路径数组
```

重新编译和连接。可以发现，连接错误仍然存在，错误编号等信息同前一次一样，只是长度信息变为 0070H，表示数据段长度变成了 112，即减少了 2 字节的长度。通过实验可知，一个 int 数据在编译后占据 2 字节。

逐步减小数组的大小，当数组减小到只存储 36 个数据时，连接不再报错，能够成功生成可下载的十六进制文件。此时可以推算出数据段的长度是 94 字节。这是本书所用单片机 AT89S52 可以容许的最大数据段。

碰到这种情况，似乎本任务的算法无法在单片机上实现了。有没有办法能够改进程序或者数据的定义，让单片机能够实现本讲的算法呢？当然有。通过对存储数据的分析可以发现，数组中存储的所有数据的值都不大于 255，也就是说，它们虽然占据 2 字节，实际上都只使用了 1 字节，高位字节的空间都浪费了。因此，可以将数组定义为 8 位数据，字符型数据在内存中只占 1 字节，而且它可以同整型数据通用，所以将数组定义修改如下：

```
unsigned charTourSteps[46];    //路径数组
```

其他程序不用做任何改动，重新编译连接，是不是成功生成了可执行的十六进制文件呢？

是的，生成了，连接后没有再出现警告和错误，说明方案可行。下载并执行该程序，观察机器人是不是可以正常运行呢？

任务 7　改进运动执行程序，提升执行的可靠性

任务 6 中的算法程序依赖于各个运动函数执行的准确性和可靠性。如果按照任务 5 中提供的前进、以左轮为支点左转、以右轮为支点右转及沿中心轴旋转等函数来完成任务 6 中的算法，进行机器人游中国的比赛，会发现执行的可靠性非常低，要完成整个任务几乎不可能。这些子函数执行的机器人运动存在着很大的偶然性，用同一个参数执行同一个子程序，在不同的执行时间里执行结果可能完全不一样。这样就造成后续的程序无法正常工作，从而无法完成比赛任务。

造成这些问题的原因是这些运动函数没有考虑机器人的惯性。这些函数均基于这样一种假设，即机器人和伺服电机没有任何质量问题，当单片机给机器人发送一个运动指令时，机器人立马就可以达到设定的速度。事实上这是不可能的。受惯性和外在环境的影响，机器人从零加速到指令所设定的速度的过程，完全是不可预知的。它一定会经历一段时间，而在这段时间里，机器人的运动距离不可知，从而导致出现执行误差。

改进的办法是改写这些运动子函数，加入加速和减速的过程，让子函数能够按照我们的期望尽可能地准确运动。这个方法在第 4 讲中已经用过。用第 4 讲中介绍的方法来改写这些子程序，尽量让这些子程序具有一定的通用性，不仅可以在本讲的任务中使用，还可以在其他的任务开发中调用。

根据机器人的运动特征，按照以下代码编写和修改子程序：

```
//以右轮为支点转弯，带加减速
void RightTurn(int steps,int pulseLeft)
//pulseLeft：最大转弯速度；steps：最大速度转弯步数
//pulseLeft>1500：向前右转
//pulseLeft<1500：向后左转
```

```
{
int pulses;

if(pulseLeft>1500)
    {
        for(pulses=1500;pulses<pulseLeft;pulses+=AccStep)
        MoveAStep(pulses,1500);

        for(pulses=0;pulses<steps;pulses++)
        MoveAStep(pulseLeft,1500);

        for(pulses=pulseLeft;pulses>1500;pulses-=AccStep)
        MoveAStep(pulses,1500);
    }
else
    {
        for(pulses=1500;pulses>pulseLeft;pulses-=AccStep)
        MoveAStep(pulses,1500);

        for(pulses=0;pulses<steps;pulses++)
        MoveAStep(pulseLeft,1500);

        for(pulses=pulseLeft;pulses<1500;pulses+=AccStep)
        MoveAStep(pulses,1500);
    }
}
//以左轮为支点转弯，带加减速
void LeftTurn(int steps,int pulseRight)
//pulseRight<1500：向前左转
//pulseRight>1500：向后右转
{
int pulses;

if(pulseRight>1500)
    {
        for(pulses=1500;pulses<pulseRight;pulses+=AccStep)
        MoveAStep(1500,pulses);

        for(pulses=0;pulses<steps;pulses++)
```

```
            MoveAStep(1500,pulseRight);

            for(pulses=pulseRight;pulses>1500;pulses-=AccStep)
            MoveAStep(1500,pulses);
        }
    else
        {
            for(pulses=1500;pulses>pulseRight;pulses-=AccStep)
            MoveAStep(1500,pulses);

            for(pulses=0;pulses<steps;pulses++)
            MoveAStep(1500,pulseRight);

            for(pulses=pulseRight;pulses<1500;pulses+=AccStep)
            MoveAStep(1500,pulses);
        }
    }

//绕机器人中轴线转弯
void Rotate(int steps,int MaxVec)
{
//MaxVec>0，顺时钟旋转，否则逆时钟旋转

int pulses;

if(MaxVec>0)
        {
            for(pulses=0;pulses<MaxVec;pulses+=AccStep)
            MoveAStep(1500+pulses,1500+pulses);

            for(pulses=0;pulses<steps;pulses++)
            MoveAStep(1500+MaxVec,1500+MaxVec);

            for(pulses=MaxVec;pulses>0;pulses-=AccStep)
            MoveAStep(1500+pulses,1500+pulses);
        }
else
        {
            for(pulses=0;pulses<MaxVec;pulses-=AccStep)
```

```
            MoveAStep(1500+pulses,1500+pulses);

            for(pulses=0;pulses<steps;pulses++)
            MoveAStep(1500+MaxVec,1500+MaxVec);

            for(pulses=MaxVec;pulses>0;pulses+=AccStep)
            MoveAStep(1500+pulses,1500+pulses);
        }
}
//加速前进或者后退到最大速度，并运动一段距离
void SLMotionStartWithRamping(int steps,int MaxVec)
{
//MaxVec>0 前进，否则后退
//steps  前进或者后退的步数

int pulses;

if(MaxVec>0)
        {
            for(pulses=0;pulses<MaxVec;pulses+=AccStep)
            MoveAStep(1500+pulses,1500-pulses);

            for(pulses=0;pulses<steps;pulses++)
            MoveAStep(1500+MaxVec,1500-MaxVec);
        }
else
        {
            for(pulses=0;pulses<MaxVec;pulses-=AccStep)
            MoveAStep(1500+pulses,1500-pulses);

            for(pulses=0;pulses<steps;pulses++)
            MoveAStep(1500+MaxVec,1500-MaxVec);

        }
}
//从直线运动的最大速度逐步减速至停下
void SLMotionStopWithRamping(int MaxVec)
{
int pulses;
```

```
        if(MaxVec>0)
                for(pulses=MaxVec;pulses>0;pulses-=AccStep)
                MoveAStep(1500+pulses,1500-pulses);
        else
                for(pulses=MaxVec;pulses<0;pulses+=AccStep)
                MoveAStep(1500+pulses,1500-pulses);
        }
```

前面的 3 个子程序都带有两个形式参数，第 1 个参数代表最大转弯速度的步数，第 2 个参数代表最大的转弯速度。实际的转弯角度等于最大转弯速度乘以步数加上加速到最大转弯速度转过的角度，再加上从最大转弯速度减速至停下所走过的角度。因此，任何一个转弯角度都可以通过设定这两个参数来获得。在函数实现过程中都用到了一个全局变量：加速步长。

```
char AccStep=10;            //AccStep 的最大取值为 100，最小取值为 1
```

加速步长定义为一个 8 位字符型数据。根据所用伺服电机的运动特性，不考虑方向时，其最大速度范围为 0～200。因此可以限定其最大值为 100，最小值为 1。在定义代码的后面加了一个注释，说明其取值范围。

函数

函数 void SLMotionStartWithRamping(int steps,int MaxVec)让机器人逐步加速到最大速度 MaxVec，然后以最大速度前进 steps 指定的步数。前进的方向由 MaxVec 决定，最大速度大于 0 时前进，小于 0 时后退。

函数 void SLMotionStopWithRamping(int MaxVec)则是让机器人从最大速度的运行状态逐步停下来，而不是急停。

函数 FollowLine(int steps)让机器人以最大速度循线一段距离，无须修改。

对主程序的循环部分进行修改，具体参考如下代码：

```
    for(i=0;i<46;i++)
        {
            //出发加速到最大速度
            SLMotionStartWithRamping(1,200);
            FollowLine(TourSteps[i]);
            SLMotionStopWithRamping(200);                    //减速停止

            switch(i)
            {
```

```
case 0:
case 2:
case 4:
case 5:
case 7:
case 8:
case 10:
case 12:
case 13:
case 17:
case 18:
case 21:
case 32:
case 34:
case 35:
case 37:
case 38:
case 40:
case 44:
            RightTurn(right90Steps,1700);
            break;
case 1:
case 16:
case 22:
case 23:
case 26:
case 27:
case 29:
case 30:
case 31:
case 41:
case 43:
            LeftTurn(left90Steps,1300);
            break;
case 3:
case 6:
case 9:
case 11:
case 14:
```

```
                case 15:
                case 19:
                case 20:
                case 24:
                case 25:
                case 28:
                case 33:
                case 36:
                case 39:
                case 42:
                            Rotate(UTurnSteps,200);
                            break;
                default:    break;
            }
        }
```

按照以上程序段修改程序后，即可编译生成可执行文件。如果所有的数据都正确，则程序能够完成整个任务。但现在程序中的数据都不正确，要进行调试来确定程序中的数据。

通过调试来确定每一段路径的步长，即确定路径数组中的数据大小，以及每个转弯的步长。具体调试步骤如下。

（1）先让主程序执行一次循环，即修改循环控制 for(i=0;i<46;i++)为 for(i=0;i<1;i++)，再编译、连接、下载和执行，观察机器人的运动路径。如果机器人过了丁字路口，则减小 TourSteps[0]；如果不到丁字路口，则增加 TourSteps[0]。直到调整到机器人的 4 个传感器刚好覆盖丁字路口的黑线，此时调整右转 90°步数，让机器人右转后刚好停在黑线上。

（2）将 for(i=0;i<1;i++)修改成 for(i=0;i<2;i++)，编译、下载和执行，调整 TourSteps[1]和左转 90°的步长值，直到机器人能够正好左转到下一段前进路径上。

（3）按照上面的方法修改和调整其他数据，直到机器人能够完成任务。

程序调试是一个相当费时的工作。要获得精确的数据，只能采用此方法。在调试过程中，机器人每次都必须从同一个起点出发，否则后续调整的数据将会无效。另外，经过两三次调试获得数据后，可以很快地计算出加减速时段机器人前进的距离和全速循线前进时机器人的平均速度。有了这两个数据，再通过测量每段路径的长度，可以基本确定每一段路径对应的机器人全速循线前进的步数。

在调试前，先确定加减速步长，具体如下：

```
char AccStep=20;                    //AccStep 最大取值为 100，最小取值为 1
```

在以上加减速步长的情况下，通过调试确定 3 个精确转弯的全局变量数值，具体如下：

```
int right90Steps=28;                    //右转 90° 的脉冲数
int left90Steps=28;                     //左转 90° 的脉冲数
int UTurnSteps=30;                      //180° 掉头的脉冲数
```

显然，这些数值比没有加减速的子函数所需的步数要小，这是因为加减速时机器人也在转动。

通过调试，确定前 14 段直线路径机器人需要循线的步数如下：

```
TourSteps[0]=44;
TourSteps[1]=0;
TourSteps[2]=0;
TourSteps[3]=TourSteps[4]=48;
TourSteps[5]=0;
TourSteps[6]=TourSteps[7]=48;
TourSteps[8]=5;
TourSteps[9]=TourSteps[10]=48;
TourSteps[11]=TourSteps[12]=48;
TourSteps[13]=17; //Done
```

经过实际测试可知，当采用以上数据时，机器人基本能够准确地走到南京前的十字路口，并面向南京准备前进。经过多次测试，机器人准确行走的概率大于 60%。

该你了

继续任务 7 的调试过程，确定每一段路径的循线前进步数。

工程素质和技能归纳

1．了解 QTI 循线传感器的工作原理和电气接口。
2．了解 QTI 传感器数据读入和测试方法。
3．掌握程序算法的概念和算法的描述方法。
4．掌握分支结构程序的设计方法。
5．掌握以传感器反馈为核心的算法和程序实现。
6．掌握以数据为核心的算法和程序实现。
7．会改写运动子函数，让机器人能够精确地运动。
8．会调试程序，确定数组数据。

9．掌握全局变量和局部变量的概念。

科学精神的培养

1．通过本讲的算法设计和 C 语言实现，能否归纳出一个程序由数据和算法组成这个概念？

2．通过改进机器人运动子函数，归纳出在没有反馈的情况下，提高机器人运动精度的方法。

3．在机器人循线过程中，调整运动方向会导致出现比较大的运动误差，所以该函数在执行过程中存在比较大的不确定性。有没有办法让循线子函数的执行也具有比较高的可靠性呢？

4．利用任务 7 编写的精确运动子程序，改写任务 5 的算法程序，观察改后的程序是否能够提升执行的可靠性。

5．改写运动子程序，让每个子程序的加速度成为形式参数。

6．给机器人安装上“胡须”，通过“胡须”的触碰来判断机器人是否到达某一个景点，改写程序，实现机器人游中国。

附录A　C语言概要归纳

使用说明

该附录仅对C语言知识做个概述，内容不仅包括本书中介绍到的知识点，也包括与之相关但未详细介绍的知识点。

C语言概述

C语言是在20世纪70年代初问世的，1978年由美国电话电报公司（AT&T）贝尔实验室正式发布。同时由B.W.Kernighan和D.M.Ritchit合著了著名的《THE C PROGRAMMING LANGUAGE》一书，通常简称为《K&R》，也有人称之为《K&R》标准。但是，在《K&R》中并没有定义一个完整的标准C语言，后来美国国家标准协会（American National Standards Institute）在此基础上制定了一个C语言标准，于1983年发布，通常称为ANSI C。

由于C语言的强大功能和各方面的优点逐渐为人们认识，很快在各类大、中、小和微型计算机上得到了广泛的使用，成为当代最优秀的程序设计语言之一。

数据类型、运算符与表达式

1．数据类型

数据类型是按照被定义变量的性质、表示形式、占据存储空间的多少、构造特点来划分的。在C语言中，数据类型可分为基本类型、构造类型、指针类型、空类型4大类，如图A-1所示。

（1）基本类型。

基本类型最主要的特点是其值不可以再分解为其他类型。也就是说，基本类型是自我说明的。

（2）构造类型。

构造类型是根据已定义的一个或多个数据类型用构造的方法来定义的。也就是说，一个构造类型的值可以被分解成若干个“成员”或“元素”，每个“成员”或“元素”都是一个基本类型或又是一个构造类型。

（3）指针类型。

指针是一种特殊的，同时又是具有重要作用的数据类型。其值用来表示某个变量在内存储器中的地址。虽然指针变量的取值类似于整型量，但这是两个类型完全不同的量，因此不

能混为一谈。

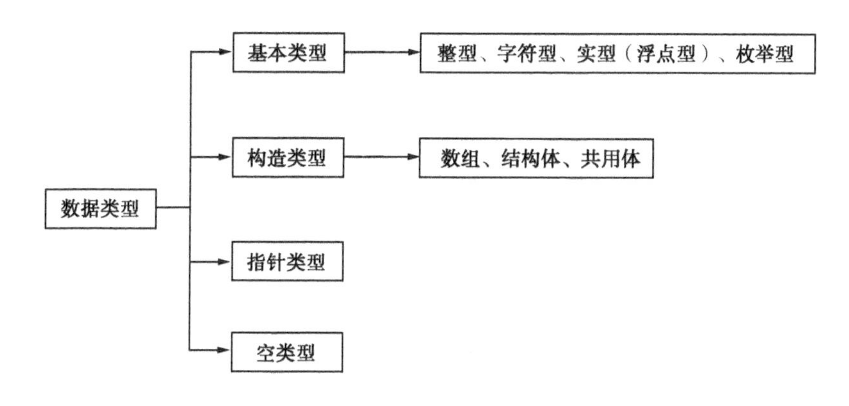

图 A-1　数据类型的分类

（4）空类型。

在调用函数时，通常应向调用者返回一个函数值。这个返回的函数值是具有一定的数据类型的，应在函数定义及函数说明中给以说明。但是，也有一类函数，调用后并不需要向调用者返回函数值，这种函数可以定义为“空类型”。

2. 常量与变量

对于基本数据类型，按其取值是否可改变分为常量和变量两种。

在程序执行过程中，其值不发生改变的量称为常量，其值可变的量称为变量。它们可与数据类型结合起来分类。例如，可分为整型常量、整型变量、浮点常量、浮点变量、字符常量、字符变量、枚举常量、枚举变量。在程序中，常量是可以不经说明而直接引用的，而变量则必须先定义后使用。

3. 运算符与表达式

C 语言的运算符可细分为几类，见表 A-1。

表 A-1　C 语言运算符的分类

<table>
<tr><th>名　称</th><th>内　容</th></tr>
<tr><td>算术运算符</td><td>加（+）、减（-）、乘（*）、除（/）、求余（%）、自增（++）、自减（--）</td></tr>
<tr><td>关系运算符</td><td>大于（>）、小于（<）、等于（==）、大于等于（>=）、小于等于（<=）、不等于（!=）</td></tr>
<tr><td>逻辑运算符</td><td>与（&&）、或（||）、非（!）</td></tr>
<tr><td>位操作符</td><td>位与（&）、位或（|）、位非（~）、位异或（^）、左移（<<）、右移（>>）</td></tr>
<tr><td>赋值运算符</td><td>简单赋值（=）、复合算术赋值（+=、-=、*=、/=、%=）、复合位运算赋值（&=、|=、^|、>>=、<<=）</td></tr>
</table>

续表

名　　称	内　　容
条件运算符	用于条件求值：？和：
逗号运算符	用于把若干个表达式组合成一个表达式
指针运算符	取内容（*）、取地址（&）
特殊运算符	括号（）、下标[ ]、成员（.　、→）

表达式是由运算符连接常量、变量、函数所组成的式子。每个表达式都有一个值和类型。

4．优先级与结合性

在C语言中，运算符的运算优先级共分为15级。1级最高，15级最低。在表达式中，优先级较高的先于优先级较低的进行运算。当一个运算量两侧的运算符优先级相同时，按运算符的结合性所规定的结合方向处理。

C语言中各运算符的结合性分为两种，即左结合性（自左至右）和右结合性（自右至左）。例如，算术运算符的结合性为自左至右，即先左后右。如有表达式x−y+z，则y应先与“−”号结合，执行x−y运算，然后执行+z的运算。这种自左至右的结合方向就称为“左结合性”。而自右至左的结合方向称为“右结合性”。最典型的右结合性运算符是赋值运算符。如x=y=z，由于“=”的右结合性，应先执行y=z，再执行x=（y=z）运算。C语言运算符中有不少为右结合性，应注意区别，以避免理解错误。

一般而言，单目运算符优先级较高，赋值运算符优先级较低。算术运算符优先级较高，关系和逻辑运算符优先级较低。多数运算符具有左结合性，单目运算符、三目运算符、赋值运算符具有右结合性。

分支结构程序

在程序中经常要比较两个量的大小关系，以决定程序下一步的工作。比较两个量的运算符称为关系运算符。

1．关系运算符与关系表达式

关系运算符都是双目运算符，其结合性均为左结合。关系运算符的优先级低于算术运算符，高于赋值运算符。在6个关系运算符中，<、<=、>、>=的优先级相同，高于= =和！=，= =和！=的优先级相同。

关系表达式的一般形式为：

```
表达式  关系运算符  表达式
```

关系表达式的值是“真”和“假”，用“1”和“0”表示。

2. 逻辑运算符与逻辑表达式

与运算符（&&）和或运算符（||）均为双目运算符，具有左结合性。非运算符（!）为单目运算符，具有右结合性。逻辑运算符和其他运算符优先级的关系可表示如下：

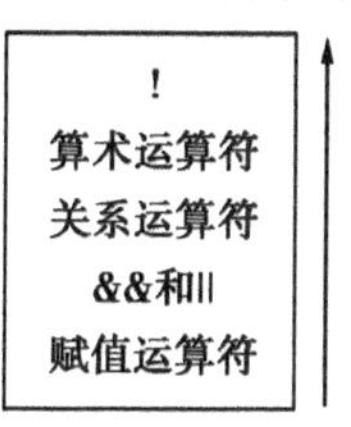

逻辑运算的值也为“真”和“假”两种，用“1”和“0”来表示。

逻辑表达式的一般形式为：

```
表达式  逻辑运算符  表达式
```

3. if语句

if语句有以下3种形式。

（1）if形式：

```
if（表达式）
语句;
```

（2）if…else形式：

```
if（表达式）
语句1;
else
语句2;
```

（3）if…else…if形式：

```
if（表达式1）
语句1;
else if（表达式2）
语句2;
else if（表达式3）
语句3;
…
else if（表达式m）
语句m;
else
语句n;
```

4．条件运算符和条件表达式

三目运算符，即有 3 个参与运算的量，由条件运算符组成条件表达式的一般形式为：

```
表达式 1?    表达式 2:    表达式 3
```

5．switch 语句

用于多分支选择的 switch 语句，其一般形式为：

```
switch(表达式){
    case 常量表达式 1:   语句 1;
    case 常量表达式 2:   语句 2;
    …
    case 常量表达式 n:   语句 n;
        default :        语句 n+1;
        }
```

循环控制

1．while 语句

while 语句的一般形式为：

```
while（表达式）   语句
```

while 语句的语义是：计算表达式的值，当值为真（非 0）时，执行循环体语句。执行过程如图 A-2 所示。

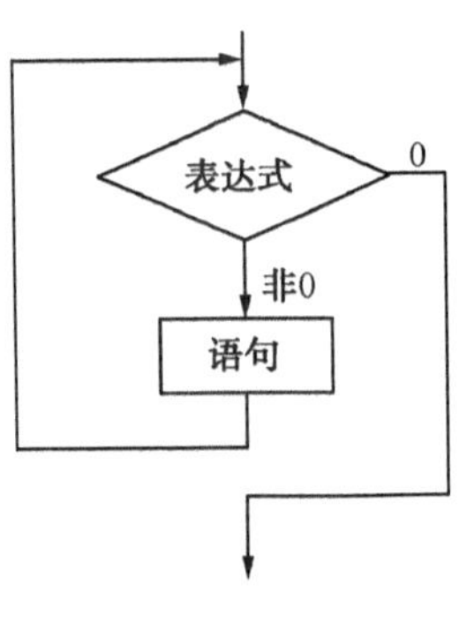

图 A-2

2．do…while 语句

do…while 语句的一般形式为：

```
do
语句
while（表达式）;
```

这个循环与 while 循环的不同在于，它先执行循环中的语句，然后判断表达式是否为真，如果为真，则继续循环；如果为假，则终止循环。因此，do…while 语句至少要执行一次循环语句，其执行过程如图 A-3 所示。

3．for 语句

for 语句使用最为灵活，它的一般形式为：

```
for（表达式 1；表达式 2；表达式 3）
    语句
```

for 语句执行过程如图 A-4 所示。

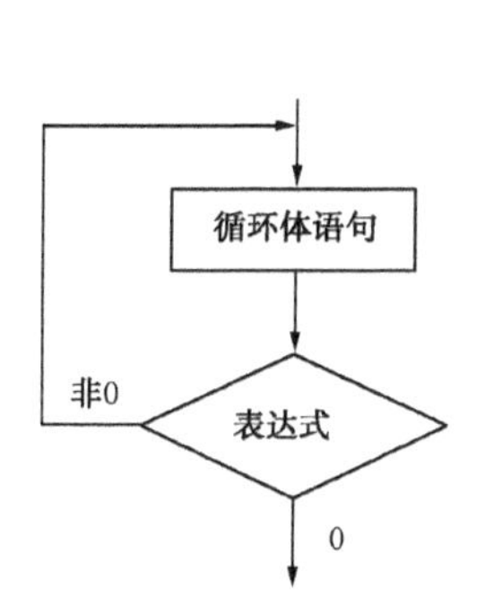

图 A-3　do…while 语句执行过程

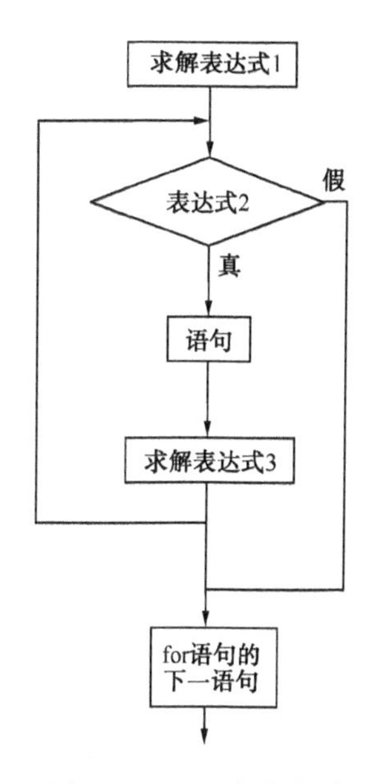

图 A-4　for 语句执行过程

for 语句最简单的应用形式如下：

```
for（循环变量赋初值；循环条件；循环变量增量）
    语句
```

数组

在程序设计中，为了处理方便，把具有相同类型的若干变量按有序的形式组织起来。这些按序排列的同类数据元素的集合称为数组。

在 C 语言中，数组属于构造数据类型。一个数组可以分解为多个数组元素，这些数组元素可以是基本数据类型或是构造类型。因此按数组元素的类型不同，数组又可分为数值数组、字符数组、指针数组、结构数组等多种类别。

1. 一维数组的定义和引用

在 C 语言中使用数组必须先进行定义。一维数组的定义方式为：

```
类型说明符 数组名 [常量表达式];
```

数组元素是组成数组的基本单元。数组元素也是一种变量，其标识方法为数组名后跟一个下标。下标表示元素在数组中的顺序号。数组元素的一般形式为：

```
数组名[下标]
```

其中，下标只能为整型常量或整型表达式。如果为小数，则系统将自动取整。

2. 二维数组的定义和引用

前面介绍的数组只有一个下标，称为一维数组，其数组元素也称为单下标变量。在实际问题中有很多量是二维的或多维的，因此 C 语言允许构造多维数组。多维数组元素有多个下标，以标识它在数组中的位置，所以也称为多下标变量。

二维数组定义的一般形式是：

```
类型说明符   数组名[常量表达式 1][常量表达式 2];
```

其中，常量表达式 1 表示第一维下标的长度，常量表达式 2 表示第二维下标的长度。如：

```
int a[3][4];
```

说明了一个三行四列的数组，数组名为 a，其下标变量的类型为整型。该数组的下标变量共有 3×4 个，即

```
a[0][0],a[0][1],a[0][2],a[0][3]
a[1][0],a[1][1],a[1][2],a[1][3]
a[2][0],a[2][1],a[2][2],a[2][3]
```

二维数组在概念上是二维的，也就是说其下标在两个方向上变化，下标变量在数组中的

位置也处于一个平面之中，而不是像一维数组只是一个向量。但是，实际的硬件存储器却是连续编址的，也就是说存储器单元是按一维线性排列的。如何在一维存储器中存放二维数组，可有两种方式：一种是按行排列，即放完一行之后顺次放入第二行。另一种是按列排列，即放完一列之后再顺次放入第二列。在 C 语言中，二维数组是按行排列的，即先存放 a[0]行，再存放 a[1]行，最后存放 a[2]行。每行中有 4 个元素也是依次存放。由于数组 a 说明为 int 类型，该类型占两个字节的内存空间，所以每个元素均占用两个字节。

二维数组的元素也称为双下标变量，其表示的一般形式为：

```
数组名[下标][下标]
```

函数

函数是 C 语言程序的基本模块，通过对函数模块的调用实现特定的功能。C 语言中的函数相当于其他高级语言的子程序。C 语言不仅提供了极为丰富的库函数，还允许用户建立自己定义的函数。用户可以把自己的算法编成一个个相对独立的函数模块，然后用调用的方法来使用函数。可以说，C 语言程序的全部工作都是由各式各样的函数完成的，所以也把 C 语言称为函数式语言。

由于采用了函数模块式的结构，C 语言易于实现结构化程序设计，使程序的层次结构清晰，便于程序的编写、阅读和调试。

从函数定义的角度看，函数可分为库函数和用户定义函数两种。也可把函数分为有返回值函数和无返回值函数两种。

从主调函数和被调函数之间数据传送的角度看，又可分为无参函数和有参函数两种。

应该指出的是，在 C 语言中，所有的函数定义，包括主函数 main 在内，都是平行的。也就是说，在一个函数的函数体内，不能再定义另一个函数，即不能嵌套定义。但是函数之间允许相互调用，也允许嵌套调用。习惯上把调用者称为主调函数。函数还可以自己调用自己，称为递归调用。

main 函数是主函数，它可以调用其他函数，而不允许被其他函数调用。因此，C 程序的执行总是从 main 函数开始，完成对其他函数的调用后再返回到 main 函数，最后由 main 函数结束整个程序。一个 C 语言源程序必须有且只有一个主函数 main。

预处理命令

在本书各讲节中，已多次使用过以“#”号开头的预处理命令，如包含命令#include 和宏定义命令#define 等。在源程序中，这些命令都放在函数之外，而且一般都放在源程序的前面，它们称为预处理部分。

所谓预处理是指在进行编译的第一遍扫描（词法扫描和语法分析）之前所做的工作。

预处理是 C 语言的一个重要功能，它由预处理程序负责完成。当对一个源文件进行编译时，系统将自动引用预处理程序对源程序中的预处理部分做处理，处理完毕自动进入对源程序的编译。

常用的预处理命令有以下两种。

1. 宏定义

在 C 语言源程序中允许用一个标志符来表示一个字符串，称为“宏”。被定义为“宏”的标志符称为“宏名”。在编译预处理时，对程序中所有出现的“宏名”，都用宏定义中的字符串去代换，这称为“宏代换”或“宏展开”。

宏定义是由源程序中的宏定义命令完成的，宏代换是由预处理程序自动完成的。

在 C 语言中，“宏”分为有参数和无参数两种。

无参宏定义：

```
#define   标志符   字符串
```

“#”表示这是一条预处理命令。凡是以“#”开头的均为预处理命令。“define”为宏定义命令。“标志符”为所定义的宏名。“字符串”可以是常数、表达式等。

有参宏定义：

```
#define   宏名（形参表）   字符串
```

在字符串中含有各个形参。有参宏调用的一般形式为：

```
宏名（实参表）；
```

如：

```
#define   M(y)   y*y+3*y          /*宏定义*/
…
k=M(5);                           /*宏调用*/
…
```

在宏调用时，用实参 5 去代替形参 y，经预处理宏展开后的语句为：

```
k=5*5+3*5;
```

2. 文件包含

文件包含是 C 语言预处理程序的另一个重要功能。文件包含命令的一般形式为：

```
#include "文件名"
```

本书中已多次用此命令包含过库函数的头文件，如：

```
#include"uart.h"
#include"LCD.h"
```

文件包含命令的功能是把指定的文件插入该命令行位置以取代该命令行，从而把指定的文件和当前的源程序文件连成一个源文件。

在程序设计中，文件包含是很有用的。一个大的程序可以分为多个模块，由多个程序员分别编程。有些公用的符号常量或宏定义等可单独组成一个文件，在其他文件的开头用包含命令包含该文件即可使用。这样可避免在每个文件开头都去书写那些公用量，从而节省时间，并减少出错。

包含命令中的文件名可以用双引号括起来，也可以用尖括号（<>）括起来。

使用尖括号表示在包含文件目录中去查找（包含目录是由用户在设置环境时设置的），而不在源文件目录中去查找；使用双引号则表示首先在当前的源文件目录中查找，若未找到才到包含目录中去查找。用户编程时可根据自己文件所在的目录来选择某一种命令形式。

一个 include 命令只能指定一个被包含文件，若有多个文件要包含，则要用多个 include 命令。文件包含允许嵌套，即在一个被包含的文件中又可以包含另一个文件。

指针

在计算机中，所有的数据都是存放在存储器中的。一般把存储器中的一个字节称为一个内存单元，不同的数据类型所占用的内存单元数不等，如整型量占用 2 个单元、字符量占用 1 个单元等。

为了正确地访问这些内存单元，必须为每个内存单元编上号。根据一个内存单元的编号即可准确地找到该内存单元。内存单元的编号也称为地址。因为根据内存单元的编号或地址就可以找到所需的内存单元，所以通常也把这个地址称为指针。内存单元的指针和内存单元的内容是两个不同的概念。对于一个内存单元来说，单元的地址即为指针，其中存放的数据才是该单元的内容。

在 C 语言中，允许用一个变量来存放指针，这种变量称为指针变量。因此，一个指针变量的值就是某个内存单元的地址或称为某个内存单元的指针。

指针变量定义的一般形式为：

```
类型说明符　*变量名;
```

指针变量同普通变量一样，使用之前不仅要定义说明，而且必须赋予具体的值。未经赋值的指针变量不能使用，否则将造成系统混乱，甚至死机。指针变量的赋值只能赋予地址，决不能赋予任何其他数据，否则将引起错误。在 C 语言中，变量的地址是由编译系统分配的，用户不知道变量的具体地址。

C语言提供了地址运算符&来表示变量的地址：

```
&变量名;
假设:
    int i=200, x;
    int *ip;
```

定义了两个整型变量i、x，还定义了一个指向整型数的指针变量ip。i、x中可存放整数，而ip中只能存放整型变量的地址。我们可以把i的地址赋给ip：

```
ip=&i;
```

此时指针变量ip指向整型变量i，假设变量i的地址为1800，这个赋值可形象地理解为如图A-5所示的关系。

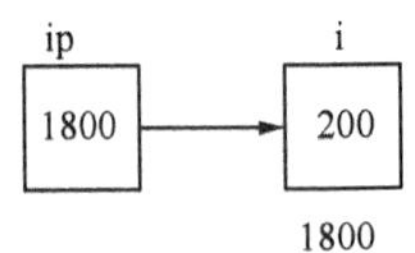

图A-5　ip与i的关系

以后便可以通过指针变量ip间接访问变量i，如：

```
x=*ip;
```

运算符*访问以ip为地址的存储区域，而ip中存放的是变量i的地址，因此，*ip访问的是地址为1800的存储区域（因为是整数，实际上是从1800开始的两个字节），它就是i所占用的存储区域，所以上面的赋值表达式等价于：

```
x=i;
```

结构体

结构是一种构造类型，它是由若干成员组成的。每一个成员可以是一个基本数据类型或又是一个构造类型。既然结构是一种“构造”而成的数据类型，那么在说明和使用之前必须先定义它，也就是构造它。如同在说明和调用函数之前要先定义函数一样。

定义一个结构的一般形式为：

```
struct 结构名
{成员列表};
```

成员列表由若干个成员组成，每个成员都是该结构的一个组成部分。对每个成员也必须

做类型说明，其形式为：

```
类型说明符 成员名;
```

说明结构变量有以下3种方法。

（1）先定义结构，再说明结构变量：

```
struct 结构名
    {
        成员列表
    }
结构名 变量名;
```

（2）在定义结构类型的同时说明结构变量：

```
struct 结构名
{
    成员列表
}变量名列表;
```

（3）直接说明结构变量：

```
struct
{
    成员列表
}变量名列表;
```

表示结构变量成员的一般形式是：

```
结构变量名.成员名
```

位运算

（1）按位与（&）运算。

&是双目运算符。其功能是参与运算的两个数各对应的二进制位相与。只有对应的两个二进制位均为1时，结果位才为1，否则为0。如：

	0	1	0	1	0	1	1	0
&	0	0	0	1	1	1	0	1
	0	0	0	1	0	1	0	0

（2）按位或（|）运算。

|是双目运算符。其功能是参与运算的两个数各对应的二进制位相或。只要对应的两个二进制位有一个为1，结果位就为1。如：

	0	1	0	1	0	1	1	0
|	0	0	0	1	1	1	0	1
	0	1	0	1	1	1	1	1

（3）按位异或（^）运算。

^是双目运算符。其功能是参与运算的两个数各对应的二进制位相异或。当对应的二进制位相异时，结果为 1。如：

	0	1	0	1	0	1	1	0
^	0	0	0	1	1	1	0	1
	0	1	0	0	1	0	1	1

（4）求反（～）运算。

~为单目运算符，具有右结合性。其功能是对参与运算的数的各二进制位按位求反。如：

	0	1	0	1	0	1	1	0
~	1	0	1	0	1	0	0	1

（5）左移（<<）运算。

<<是双目运算符。其功能是把“<<”左边的运算数的各二进制位全部左移若干位，由“<<”右边的数指定移动的位数，高位丢弃，低位补 0。如 x<<3：

	0	1	0	1	0	1	1	0
<<3	1	0	1	1	0	0	0	0

（6）右移（>>）运算。

>>是双目运算符。其功能是把“>>”左边的运算数的各二进制位全部右移若干位，“>>”右边的数指定移动的位数。

对于有符号数，在右移时，符号位将随同移动。当为正数时，最高位补 0；当为负数时，符号位为 1，最高位是补 0 还是补 1 取决于编译系统的规定，Turbo C 和很多系统规定为补 1。如：

	0	1	0	1	0	1	1	0
>>3	0	0	0	0	1	0	1	0

附录B　微控制器原理归纳

引言

计算机已经成为许多工业、自动化和消费类产品的核心部件，可以应用在任何场合——超市里的收银机和电子秤，家庭用的烤箱、洗衣机、闹钟、玩具、录像机等。在这些应用中，计算机起着控制的作用，它们与“真实世界”交换信息，控制设备的开启与关闭，监控设备的改善。在这些产品中常会用到微控制器（不同于微型计算机或微处理器）。

微处理器是硅片上的奇迹。1971年，INTEL公司发布了第一款成功的微处理器。不久之后，其他公司也发布了类似产品。这些集成电路芯片无法独自发挥作用，但却是组成单板机的核心部件。单板机很快进入了各个大学和电子公司的设计实验室。

微控制器是与微处理器类似的一种器件。1976年，INTEL公司推出了MCS48微控制器系列的第一个产品8748。8748微控制器在一块芯片内集成了一个CPU（Central Processing Unit，中央处理器）、1KB EPROM（Erasable Programmable Read Only Memory，可擦可编程只读存储器）、64B RAM（Random-access Memory，随机存取存储器）、27个I/O（Input/Output，输入/输出）端口和一个8位定时器。8748及其后出现的MCS48系列的其他产品很快成为控制场合的工业标准。

1980年，INTEL公司发布了MCS51系列的第一款芯片8051，它在功耗、大小和复杂程度上都增加了一个数量级。继8051之后，INTEL公司相继推出了MCS51系列的其他产品，一些公司也推出了类似的兼容产品。目前，8051系列已经成为应用最广泛的8位微控制器。

一些概念

计算机的定义包括以下两个重要的特殊概念。

（1）能够在程序控制下处理数据，无须人的干预。

（2）能够存储和调用数据。

从更为普遍的意义上说，计算机系统还包括执行人机交互功能的外围设备和处理数据的程序。各种设备称为硬件，程序称为软件。

在图B-1中没有给出系统结构的细节，因此图B-1可以代表所有类型的计算机结构。根据图B-1的描述，一个计算机系统包括一个中央处理器（CPU），它通过地址总线、数据总线、控制总线和随机存储器（RAM）、只读存储器（ROM）相连，外围设备通过接口电路连接到系统总线上。

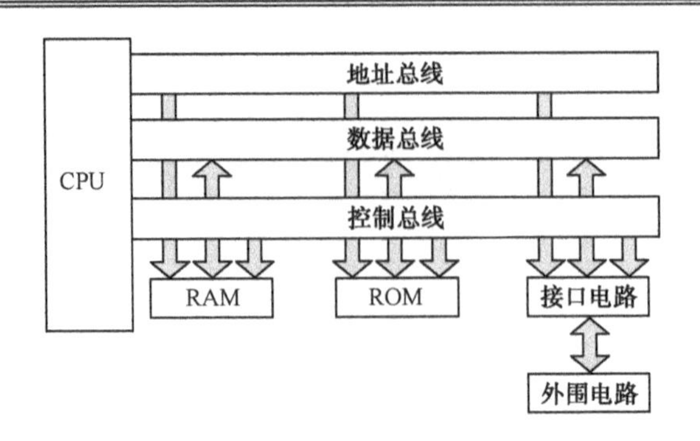

图 B-1　微型计算机系统框图

中央处理器（CPU）

CPU 是计算机系统的大脑，负责管理系统的所有活动并执行对数据的所有操作。CPU 并不神秘，仅是一堆逻辑电路而已。它不断地重复两件事：接收指令和执行指令。CPU 能够理解并执行由二进制代码组成的指令，每条指令代表一个简单的操作。这些指令通常用来执行数学运算（加、减、乘、除）、逻辑运算（与、或、非）、移动数据或转移程序，由一组称为指令集的二进制代码来表示。

图 B-2 是一张非常简单的 CPU 内部结构示意图。它包含一组寄存器，用于临时存储信息；一个算术和逻辑单元（Arithmetic and Logic Unit，ALU），用于对信息执行操作；一个指令译码和控制单元，用于决定 CPU 要执行的操作，把指令译码为完成操作所需要的一系列动作序列。另外，还有两个额外的寄存器：指令寄存器（Instruction Register，IR），用于保存当前正在执行的指令的二进制代码；程序计数器（Program Counter，PC），用于保存将要执行的下一条指令在存储器中的地址。

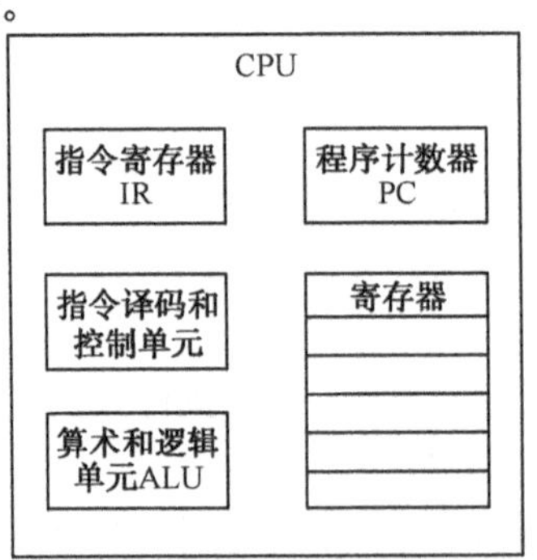

图 B-2　CPU 内部结构示意图

从系统 RAM 或 ROM 中读取指令是 CPU 最基本的操作之一。这个过程包括以下几个步骤。

（1）程序寄存器中的地址被发送到地址总线上。

（2）发出读取指令。

（3）从 RAM 中读取数据（指令操作码）并发送到数据总线上。

（4）操作码被锁存到 CPU 内部的指令寄存器中。

（5）程序寄存器加 1，准备下一次读取。

图 B-3 描述了以上流程。

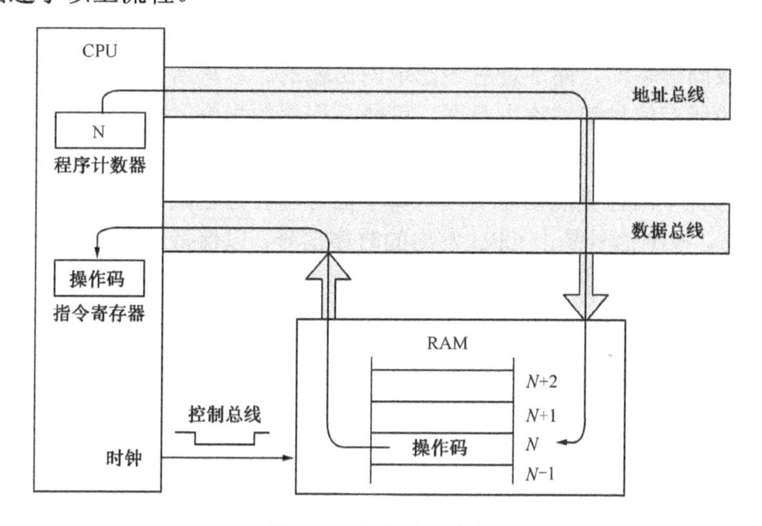

图 B-3　指令读取流程

在执行阶段，CPU 对操作数进行译码，产生控制信号，在内部寄存器和算术逻辑单元之间进行数据交换，并控制算术逻辑单元执行指定的操作。对于更复杂的指令，则需要多次操作才能执行完成。

组合在一起，能够完成某个有意义的任务的一系列指令就称为程序，也称为软件。

RAM 和 ROM

计算机的程序和数据存储在存储器中。由半导体集成电路构成的，可供 CPU 直接访问的存储器有两类：RAM 和 ROM。它们的区别有以下两点。

（1）RAM 是可读写存储器，而 ROM 是只读存储器。

（2）RAM 是易失性存储器（断电后存储内容消失），而 ROM 不是。

地址总线、数据总线和控制总线

总线是用于传送各种信息的一组线路。CPU 的外围连接着 3 种不同的总线：地址总线、数据总线和控制总线。在每个读/写操作过程中，CPU 都会将数据或指令从存储器中的地址

放到地址总线上，然后通过控制总线发送一个读或写的信号。读操作从存储器中指令的位置取出一个字节的数据并将它放到数据总线上，CPU 读取该数据并将它送入内部寄存器。执行写操作时，CPU 将数据送到数据总线上，存储器收到写操作控制信号后，把数据存入指定位置。

研究表明，CPU 有效工作时间的 2/3 被花费在了移动数据上，数据总线的宽度已经成为计算机性能的标志之一。如果一台计算机被称为“32 位计算机”，则表明它拥有 32 条数据总线。

数据总线是双向传输的，而地址总线是单向传输的。这里所说的“数据”是广义的，在数据总线上传送的所有信息都被称为数据，可能是程序的指令，也可能是某条指令需要的地址，或者是程序要使用的数据。

控制总线由各种不同种类的信号组成，每个信号都有自己的功能，共同控制着系统活动的有序进行。通常，控制信号是由 CPU 发出的时序信号，以保持地址总线和数据总线上数据传输的同步。CPU 不同，控制信号的名称和作用也不相同，但通常而言，CLOCK、READ、WRITE 3 个信号是相同的，它们负责控制 CPU 和存储器之间最基本的数据移动。

微处理器和微控制器

微处理器是单芯片 CPU，而微控制器则在一块集成电路芯片上集成了 CPU 和其他电路，构成了一个完整的微型计算机系统。

微控制器的一个重要特点是内建的中断系统。作为面向控制的设备，微控制器经常要实时响应外界的激励（中断）。微控制器必须执行快速上、下文切换，挂起一个进程去执行另一个进程。

微控制器不是用于计算机中，而是用于工业和消费产品中。使用这些产品的人们通常察觉不到微控制器的存在。对于他们来说，产品内部的元器件只是无关紧要的设计细节。微波炉、空调、洗衣机、电子秤等都是这样的例子。在这些产品内部，电子元器件将微控制器与面板上的按钮、开关、灯等连接在一起，用户看不到微控制器的存在。

计算机系统拥有反复编程的能力，与之不同的是，微控制器的程序只能固定地执行某个任务。这使得两者的结构有着巨大的差异。计算机系统的 RAM 要比 ROM 大得多，用户程序在相对较大的 RAM 中运行，而硬件接口进程在 ROM 中运行；相反，微控制器的 ROM 要比 RAM 大得多。控制程序相对较大，存储在 ROM 中，而 RAM 只是用于临时存储。由于控制程序永久性地存储在 ROM 中，因此也被称为固件。从持久性上来说，固件介于软件（RAM 中的程序，断电后会消失）和硬件（物理电路）之间。软件和硬件之间的差别类似于纸张（硬件）和写在纸上的字（软件），固件则可比喻为一封为了特定目的而设计的标准格式的信。

附录 C　无焊料面包板

在教学板前端，那块白色的、有许多孔或插座的区域，称为无焊料面包板。面包板连同它两边的黑色插座，称为原型区域，如图 C-1 所示。

在面包板插座上插上元器件，如电阻、LED、扬声器和传感器，就构成了本书中的例程电路。元器件靠面包板插座彼此连接。在面包板上端有一条黑色的插座，上面标识着“Vcc”、“Vin”和“GND”，称为电源端口，通过这些端口，可以给电路供电。左边一条黑色的插座从上到下标识着 P10，P11，P12，…，P37（共 18 个，部分端口并未标出）。通过这些插座，可以将搭建的电路与单片机连接起来。

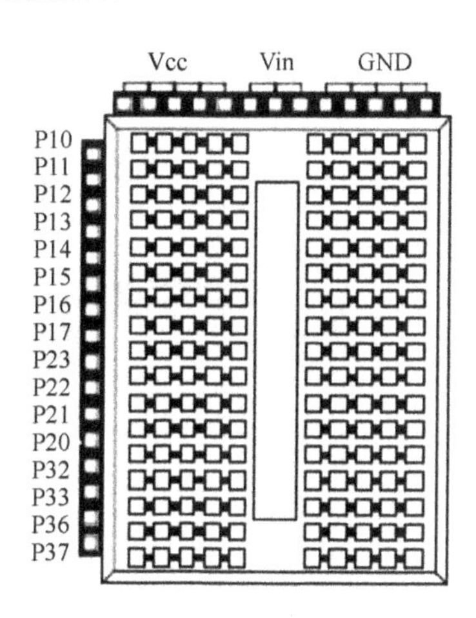

图 C-1　原型区域

面包板上共有 18 行插座，通过中间槽分为两列。每一小行由 5 个插座组成，这 5 个插座在面包板上是电气相连的。根据电路原理图的指示，可以将元器件通过这些 5 口插座行连接起来。如果将两根导线分别插入五口插座行中的任意两个插座中，则它们都是电气相连的。

电路原理图就是指引你如何连接元器件的路标。它使用唯一的符号来表示不同的元器件。这些元器件符号用导线相连，表示它们是电气相连的。在电路原理图中，当两个元器件符号用导线相连时，电气连接就生成了。导线还可以连接元器件和电压端口。“Vcc”、“Vin”和“GND”都有自己的符号意义。“GND”对应于教学板的接地端，“Vin”指电池的正极，“Vcc”指校准的+5V 电压。

如图 C-2 所示，用示意图表示元器件的连接。元器件符号的上方就是该元器件的示意图。

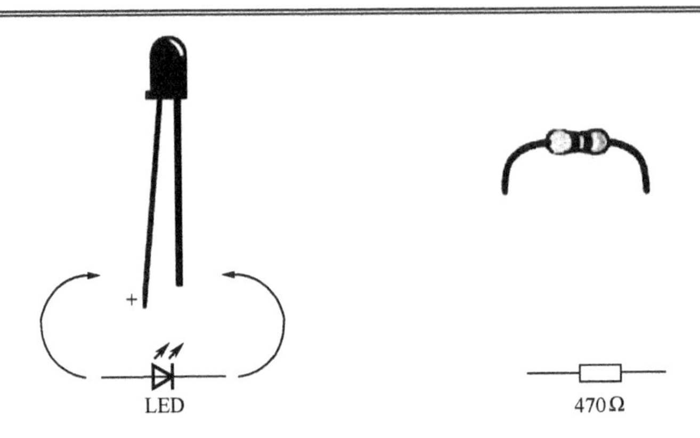

图 C-2　元器件示意图及其符号（左边为 LED，右边为 470Ω电阻）

在图 C-3 中，左边是某电路原理图，右边为该原理图对应的配线图。在电路原理图中请注意，电阻符号的一端是如何与符号 Vcc 相连的。在配线图中，电阻的一端插入了标有 Vcc 的插座中。在电路原理图中，电阻符号的另一端用导线与 LED 符号的正极相连。

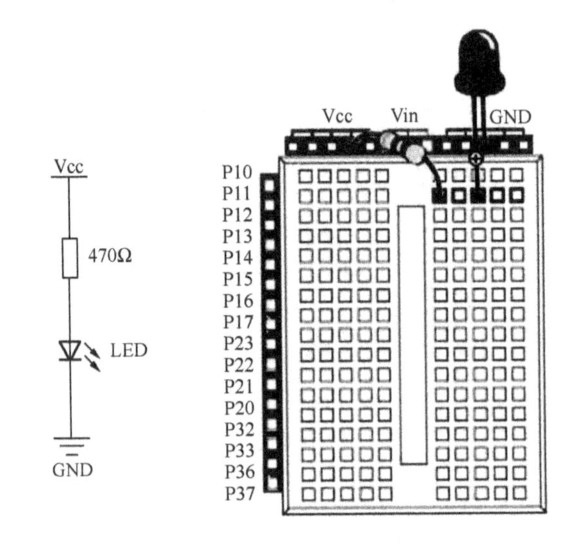

图 C-3　电路原理图及其配线图

记住：导线表示两个元器件是电气相连的。相应地，在配线图中，电阻的另一端与 LED 的正极插入了同一个 5 口插座行。这样做使得这两端电气相连。在电路原理图中，LED 符号的另一端与 GND 符号相连。对应地，在配线图中，LED 的另一端插入了标有 GND 的插座中。

图 C-4 显示的是另一个电路原理图及其配线图。在电路原理图中，端口 P11 连接电阻的一端，电阻的另一端与 LED 的正极相连，而 LED 的负极与 GND 相连。与前一个电路原理

图相比，该原理图仅有一个连接上的区别：电阻连接 Vcc 的一端现在换成了与单片机端口 P11 相连。看上去可能还有一个细微差别：电阻是水平画出的，而前一幅图是垂直画出的。但从连接上看，只有一个区别：P11 取代了 Vcc。在配线图中，也做了相应的处理：电阻之前是插入 Vcc 插座中的，而现在则插入了 P11 插座中。

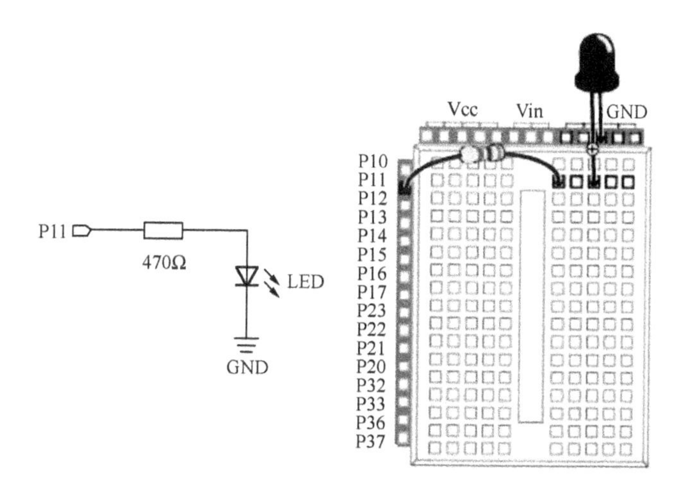

图 C-4 电路原理图及其配线

附录D　LCD模块电路

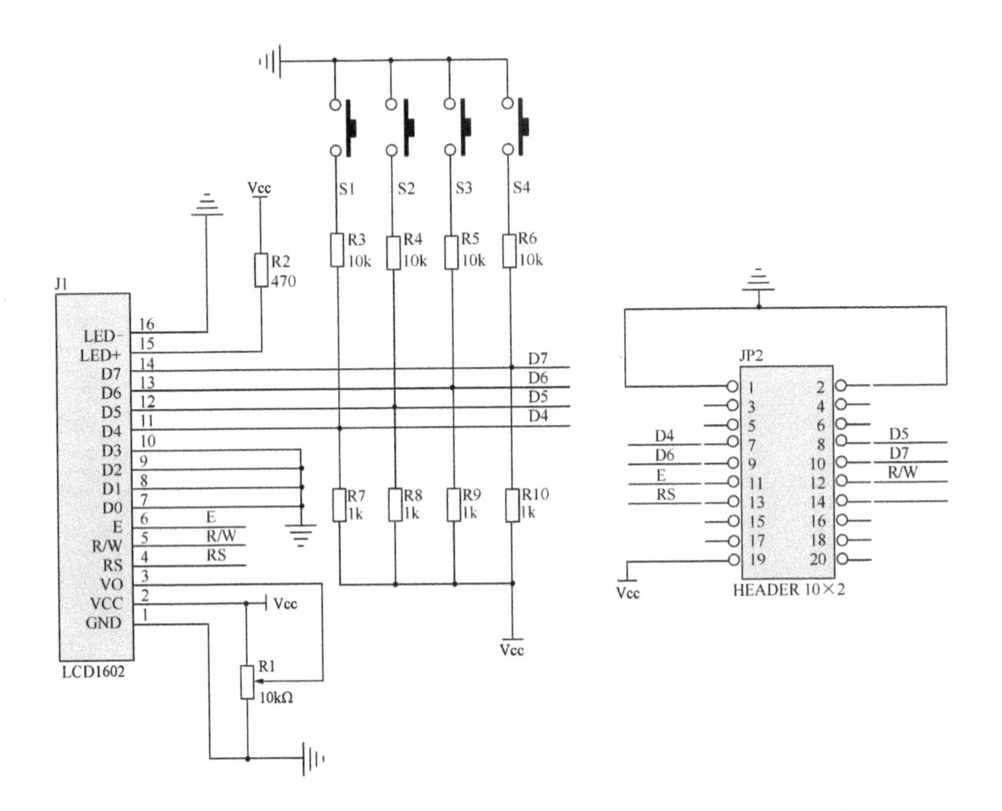

附录E　本书所使用的机器人零配件清单

配 件 清 单	单位和规格	数　量
机器人小车对象，包括2个舵机，2个驱动车轮，1个万向轮及其安装五金件和工具等	套	1
控制主板1个，包含AT89S52单片机和安装五金件等	块	1
USB线（A转B）	根	1
基础传感器元件包	包	1
锂电池电源套件	套	1
QTI线跟踪套件	套	1
LCD1602液晶显示模块	块	1

注：以上所有配件均由全童科教（东莞）有限公司提供，详情请登录公司官网咨询。